관광과 지역경제

관광과 지역경제

오 순 환 著

한국학술정보(주)

머리말

학술적 의미로서의 관광은 다시 돌아올 예정으로 일상생활권을 떠나 즐거움을 추구하는 비영리적 여행이고, 사전적으로는 다른 지방이나 다른 나라의 풍물이나 풍속을 구경하는 행위로 정의된다. 그리고 한자의 어원을 추적해보면, 다른 지방의 문화(光)를 보는 (觀) 행위가 관광임을 알 수 있다.

이를 종합하면, 관광에는 다른 곳으로의 여행이 필수적이며, 그 관광객의 편의도모를 위해 교통산업, 숙박산업, 음식산업 등이 부수적으로 나타난다. 더불어 여행 산업 중심에 발생한 육체적 피로를 풀어주고, 낯선 환경에 노출된 관광객의 정서적 불안감을 해소시켜주기 위하여 환대산업도 함께 발생하게 된다. 이 모든 것들이 관광산업이다.

관광산업은 관광이 우선이고 산업이 종속된다. 여기에는 관광행위에 관련된 경제적 활동을 하나의 산업으로 파악한다는 의미를 갖는다. 그러나 거꾸로 산업관광이란 용어에는 산업이 관광의 대상 즉, 하나의 '배울거리'로 작용한다는 뜻이 내포되어 있다. 오늘날 국가나 지방정부 또는 민간기업에서 관광개발을 하는 목적은 산업관광이 아니라 바로 관광산업을 통한 경제활성화에 두고 있는 것이다.

특히 끊임없이 쇠락의 길을 걷고 있는 농촌에서는 관광산업이 지역경제 활성화의 유효한 대안으로 인식되고 있다. 농림통계에 따르면, 산업화가 시작되기 직전인 1960년에 전체 인구의 58.3%를 차지했던 농촌의 인구는 그 비중이 2004년 말에는 7.1%로 축소되었을 뿐만 아니라 농촌의 구성인구도 60대 이상의 노령 경영주가 69.6%

에 이르는 현실에서는 더 이상 내생적 발전을 기대할 수 없기 때문이다.

따라서 농촌에서는 낙후된 지역경제를 활성화시키는 대안으로써 관광산업의 도입 및 활용을 검토해야 할 것이다. 그러나 관광개발의 방식이 호텔이나 위락시설 등의 대규모 개발이 좋은지 아니면 농촌문화체험 등의 소규모 개발이 좋은지는 구체적으로 따져봐야 할 일이다.

흔히 대규모 사업은 소요재원의 대부분을 외지에서 조달해야 하므로 관광소득의 역외 누출이 커지면서 자칫하면 속빈 강정이 될 수 있다. 반면 지역주민이 주도하는 소규모 관광사업은 도시관광객과의 농산물 직거래를 통한 농업소득과 농가숙박 등의 부수적 효과도 기대할 수 있을 뿐만 아니라 도시의 자본과 기술, 전문지식 등이 농촌으로 전이되는 계기로 작용할 수도 있을 것이다.

본고에서는 관광산업을 통해 지역활성화를 꾀하고 있는 대표적 낙후지역 중의 하나인 충북 단양군을 사례지역으로 선정하여 관광의 지역경제적 역할과 파급효과를 파악하고자 한다. 단양군은 전체 면적의 82.6%가 산지로 구성된 전형적인 산악지역으로서 현재는 석탄이나 시멘트 등의 광업 및 비금속광물제조업에 크게 의존하고 있지만 이들 1차산업은 하향산업으로서 날이 갈수록 그 경제적 비중이 축소되고 있다. 따라서 단양군에서는 입지여건상 제조업 이외의 대안산업 특히 관광산업을 지역의 핵심산업으로 육성하고자 노력하고 있다.

더욱이 단양군의 입지가 2,300만 명의 인구가 살고 있는 수도권과 불과 2시간 거리에 있음을 감안한다면 주 5일 근무제 등으로 촉발된 현대 여가사회에서 단양군은 농촌관광 또는 휴양관광의 대명사로 발전할 수 있을 것이다. 예컨대 호반, 동굴, 산악 등의 휴양자원을 지역문화와 연계시킨 주민주도형 개발을 고려할 수 있다.

비록 본고에서는 지역적으로 단양군에 한정된 연구를 수행하지만, 그 밖의 유사한 여건을 갖춘 지역에서도 본고에서 제시된 연구결과를 참고하여 유용한 개발방향을 정립할 수 있을 것이다.

차 례

표 차례

그림 차례

제1장 서 론

제1절 지역개발

지난 1960년대 초부터 지금까지 우리나라가 취한 경제개발정책은 총량적 성장 위주의 경제개발정책이자 불균형성장정책이었다(송종호·김종섭, 1992:306). 즉, 하향적 개발방식(top-down approach)과 성장거점이론(growth center theory)에 바탕을 두고, 대규모 집약적 집중생산의 이점을 노린 규모의 경제(economics of scale)를 표방하는 정책으로서(김사헌 외, 1995:18), 수도권이나 부산권과 같은 소수의 동적(dynamic)부분과 지리적 군락지(geographical clusters)에 대한 개발효과가 나머지 지역공간으로 파급되어 갈 것이라는 막연한 기대감에 사로잡혀 있었던 것이 사실이다.

그러나 성장거점이었던 수도권과 부산권이 경이적인 경제발전을 이룩하며 우리나라 산업의 중추적 역할을 다하고 있는 반면에 입지적 특성상 공업화가 불리한 내륙권은 아직도 낙후지역 또는 침체지역으로 남아 있다.[1] 즉, 거점개발의 효과가 주변지역으로 확산된다는 확산효과(spread effect) 또는 누적효과(trickle-down effect)는 이들 지역의 입장으로 보면 한낱 신기루에 불과했던 것이다.

---

1) 낙후지역(backward regions)은 인구의 자연증가율이 높아 노동력의 공급이 과잉상태이고 전통적인 농업이 지배적인 경제구조를 말하며, 침체지역 (developed regions in recession)은 한때는 석탄이나 철 등 풍부한 지하자원의 개발로 경제적인 성장을 잘 했으나 대내외적 여건변화로 장기간의 경제적 침체단계에 들어간 지역을 말한다(황명찬, 1984:27-8).

더욱이 심각한 문제는 어느 한 지역이 다른 지역보다 먼저 개발되어 앞설수록 그들 지역 간의 격차는 더욱 심화될 수 있다는 가정이다. 즉, 어느 지역의 경제규모가 대규모화되면 규모의 경제(economics of scale)와 외부경제(external economy)가 작용하여 생산비가 절감되며 아울러 각종 사회간접자본이 이 지역에 집중되면서 지역 간 격차는 오히려 심화될 수 있기 때문이다(조순·정운찬, 1997: 720).

따라서 바람직한 국가경제발전을 위해서는 지역 간 격차가 심화 또는 영구화되는 것을 방지하여야 한다. 이를 위해 정부는 도농간의 균형발전과 농민의 소득증대를 목적으로 1970년의 지방공업개발법 제정과 1980년대의 농공지구 조성사업을 활발하게 추진하려 했지만, 농촌지역의 노동력 부족과 열악한 입지여건 때문에 소기의 목적을 달성하지 못한 바 있다.

비록 제조업이 1차, 3차산업에 비해 전·후방효과가 크므로 생산성 향상을 기대할 수 있지만, 그 입지는 최소비용원리와 최대수요원리를 충족시킬 수 있는 곳으로 제한될 수밖에 없다. 즉, 자체 시장규모가 크거나 대량 소비시장으로의 접근성이 양호하고, 용수와 부지의 확보가 가능하며, 동력 및 원료의 조달이 손쉽고, 양질의 노동력과 유능한 전문인력이 풍부하며, 사회간접자본의 확충이 가능한 곳이 바로 제조업의 적지라고 할 수 있다(김기흥 외, 1995: 122-46).

그러므로 높은 산으로 둘러 싸여 교통이 불편하고, 소비시장과 원거리에 위치한 내륙오지(back country)는 제조업의 입지로는 부적당하므로, 다른 대안산업을 지역경제개발을 위한 육성산업으로서 모색하여야 할 것이다.[2] 이처럼 우리나라에서 제조업의 입지적 여

---

2) 정부는 관광여가시설의 균형적 확충과 지역경제 활성화를 도모할 목적으로 제3차 국토종합개발계획(1992-2001년)의 10대 과제 중 하나로 관광·여가

건이 불리한 대표적인 지역으로는 강원도, 충청북도와 더불어 본토에서 격리되어 있는 제주도 등을 들 수 있다. 그중에서 제주도와 강원도는 이미 공업화의 한계를 벗어나고자 관광산업을 중심으로 한 제3차산업 중심의 경제구조로 개편 중에 있다. 그러므로 이 기회에 강원도와 제주도보다 입지적 여건이 더욱 불리한 내륙 산악지역에서도 관광산업이 지역경제발전을 위한 대안산업이 될 수 있는지를 검토할 필요가 있다.

제2절 관광과 지역개발

흔히 공업화(industrialization)는 현대화의 필수 구성요소이고 관광산업이 그 현대화 과정을 촉진시킬 수 있다고 했다(Mathieson and Wall, 1982:85). 또한 관광은 현대화뿐만 아니라 자본과 기술, 그리고 전문지식 등도 선진지역에서 낙후지역으로 이전시켜 주는 역할을 하기도 한다(Harrison, 1992:10). 일반적으로 관광자원성이 높을수록 재정자립도는 낮으며, 경제적으로 낙후된 지역이 관광개발의 잠재력은 높게 나타난다는 연구결과가 있지만(김사헌, 1994:178), 그러나 이외에도 지역여건의 차이에 따라 관광산업의 기여도가 어떻게 다르게 나타나는지에 대한 비교연구도 필요하다.[3]

부문을 포함시킨 바 있다. 특히 관광관련 계획에는 관광개발권역, 문화권역, 국민여가지대 등에 관한 내용이 담겨있으며, 자원성과 시장성을 고려하여 전국 각지에 주요 거점중심지를 설정하였다.

3) 그리스의 아이오스(Ios)섬은 농업, 어업, 광업을 주업으로 하는 전형적인 침체지역이었으나, 1965년 이후 전개된 관광개발사업의 결과 지역경기가 활성화되었다. 따라서 이전의 이촌향도현상은 거꾸로 이도향촌현상으로 반전되

오늘날 우리나라 국내 관광산업의 규모는 2005년도를 기준으로 국민 1인당 연간 관광여행 참가횟수는 6.59회, 1인당 지출비용은 370천 원이므로 이를 전 국민으로 환산하면 약 17조 원을 상회하였다(한국관광공사, 2005 국민여행실태조사). 여기에 외국인의 방한에 의한 외래관광수입(56.5억 불)을 합하면 2005년도 국내관광시장의 규모는 약 22조 원에 달하며, 이는 국내총생산(GDP)의 2.7%에 해당되었다.[4]

따라서 관광산업은 이제 하나의 독립된 산업으로 취급받을 수 있을 만큼 그 경제적 비중이 커졌으며, 특히 자연자원이 잘 보존되어 있는 반면 재정자립도가 낮고 기반산업이 취약한 지방자치단체에서의 관광산업은 잠재력이 매우 큰 산업인 것이다. 이미 지역주민의 소득증대와 고용유발, 1차산업의 기반강화, 교통·통신·의료 등 사회간접자본의 확충과 같은 효과를 기대할 수 있기 때문에(김사헌 외, 1985: 59), 지방자치단체 관광관련 공무원들의 대다수가 지방경제를 활성화시키기 위하여 관광산업을 지역의 핵심산업으로 육성시켜야 한다고 했다(한국관광공사, 1995:13-5).

이러한 맥락에서 제주도는 이미 1970년대부터 「제주도 관광종합개발계획(1972-1984)」을 추진하였으며, 지금은 관광산업을 중심으로 한 제3차산업 중심의 경제구조로 발전하였다(김태보, 1990:172). 또한 강원도 역시 2차산업의 입지적 여건이 불리한 곳으로 관광산업을 지역 핵심산업으로 육성한 결과, 도내 생산액(1993년)의 19.0%, 고용자 수의 26.2%, 부가가치창출액의 20.6%를 관광관련 산

었으며, 그들 역귀향민의 72%는 관광산업에 종사하고 있다(Tsartas, 1992:516-28).

4) 2002년 기준, OECD 회원국의 국내총생산(GDP) 대비 외래관광객 여행수입이 차지하는 비중을 보면 그리스 7.5%, 오스트리아 5.5%, 스페인 5.2%, 헝가리 4.9% 등이었으며 한국은 1.1%에 불과하였다(연합뉴스, 2003.9.1).

업이 점유하고 있었다(정석중·강주훈, 1998:241).

이처럼 어업이나 농업 등 다른 대안산업의 육성이 가능한 제주도와 강원도의 경우, 관광산업의 지역경제적 역할에 대한 연구가 비교적 활발하지만(김태보, 1990; 이미혜, 1993, 1993a; 정준무, 1994; 이강욱, 1997; 정석중·강주훈, 1998), 내륙 중심부의 산악지역에 위치하고 수많은 관광자원을 보유한 충청북도를 대상으로 연구한 사례는 거의 찾아보기 어려운 실정이다. 특히 충북 내륙지역은 타산업의 입지로는 부적합하기 때문에 생산성이 극히 낮은 산간농업과 시멘트 산업에 전적으로 의존하는 지역으로서, 관광산업 외에는 다른 대체산업을 전혀 찾아볼 수 없는 지역이다.

충북 단양군의 경우 향후 4년간 총 262억 원의 투자비가 소요되는 관광개발계획을 수립하는 등 관광산업을 지역의 핵심산업으로 육성하고자 시도하고 있으나, 개발계획의 기초가 되는 지역 관광산업의 경제적 효과에 관한 체계적인 연구는 거의 없었다. 즉 지역의 관광산업 특성에 대한 분석과 대책마련 등의 진단과정을 생략한 채 관광산업을 통한 지역경제의 활성화만을 꾀하고 있었다. 이렇듯 관광산업을 육성하면서 현상 진단을 생략하는 이유는 단양군과 같은 소규모 지역이 자체 연구능력을 보유하고 있지 않았거나, 혹은 소규모 지역을 대상으로 하는 경제적 분석기법상에 문제가 있기 때문인 것으로 사료된다.

따라서 본고에서는 관광을 통한 지역경제 활성화를 꾀하기 위하여 다음과 같은 선결과제를 풀고자 한다. 첫째, 관광의 지역경제적 파급효과를 규명하기 위한 연구방법 중에서 기초자치단체와 같은 소규모 지역을 분석하는 데 적정한 분석수단은 무엇인가? 둘째, 제조업이나 농업 등의 입지여건이 상대적으로 불리한 내륙 산악지역에서 관광산업은 지역경제에 어느 정도 기여하고 있는가? 또한 관광산업이 지역경제발전의 대안이 될 수 있는가? 셋째, 관광산업의 기여도를 좌우하는 요인은 무엇이며, 그 요인을 어떻게 정책변수로 활용할 것인가?

제3절 연구방법

오늘날 대부분의 국가가 후기 산업사회로 진입하면서 나타나는 주요한 현상은 소득의 증가와 여가시간의 증대이며, 이는 필연적으로 관광수요의 증가로 귀결된다. 과거 우리나라는 절대빈곤에서 신속히 탈피하고자 총량 성장 위주의 경제개발정책을 전개하였는데, 이는 결과적으로 지역 간 불균형이라는 또 다른 경제문제를 잉태하게 되었다.

정부에서 비록 지역 간 불균형문제를 해결하고자 각종 정책을 수행하고 있지만, 경제적 파급효과가 높은 제조업은 그 특성상 입지가 제한될 수밖에 없다. 따라서 강원도, 제주도, 충청북도와 같이 입지조건이 열악하여 제조업의 유치가 힘든 지역에서는 관광산업을 지역의 핵심산업으로 육성하고자 많은 노력을 기울여 오고 있다.

그러나 실제로 지역에서 얻게 될 관광산업의 경제적 효과는 관광지 경제구조의 다양성, 방문하는 관광객의 유형, 관광산업의 소유관계, 토착 노동력의 질과 양, 현지주민의 소비성향 등에 의해 그 효과가 달라질 수 있다(김사헌, 1997:366-8). 그렇기 때문에 정확한 방법으로 관광산업의 경제적 효과를 측정해야 하며, 만약 부적절한 방법으로 관광에 의한 경제적 효과가 잘못 추정되거나 수익의 배분이 공정치 못할 경우 관광산업에 의한 수익보다는 사회적 비용의 지출에 의해 관광산업이 비난받을 수도 있는 것이다(Lankford and Howard, 1984:121-2).

결국 최적의 관광생산을 위해서는 필요한 상부구조(superstructure)와 하부구조(infrastructure)의 형태와 투자규모를 지역 차원에서 결정하기 전에 관광의 경제적 영향을 정확히 평가할 필요가 있다(Vellas et.al., 1995:217). 특히 현실적으로 관광산업의 육성과 그에 따른 편익을 갈망하는 지역은 산업구조가 극히 단순하고 지역경제성장을 위한 별다른 대안산업이 없는 농산촌의 소규모 지역임을 감안할 때 이들 지역에 대한 심도 있는 연구가 필요하다.

따라서 기초자치단체 수준의 소규모 지역에서 일반 연구자가 손쉽게 적용할 수 있도록 관광의 지역경제적 파급효과 분석모형의 종류와 그 분석과정에 관해 고찰하고, 가장 적합한 분석모형을 탐색하기로 한다. 또한 선별한 모형을 연구사례지에 직접 적용함으로써, 실제로 관광산업이 내륙 산악지역에서 대안산업으로 충분한 가치가 있는지를 규명하고, 나아가 관광산업의 경제적 가치를 높일 수 있는 방안을 찾아보기로 한다.

본 연구는 공간, 시간, 내용 등 3가지로 범위를 제한하여 연구를 수행하기로 한다. 첫째, 공간적 범위는 충청북도 단양군 일원으로 제한한다. 내륙 산악지역에 위치한 단양군은 각종 입지적 제약 때문에 제조업의 발진이 저해되어 관광산업 이외에는 지역경제발전을 위한 별다른 대안을 선택할 수 없는 지역이기 때문이다. 둘째, 시간적 범위는 관광객의 방문이 활발하고 수요의 계절성이 비교적 덜한 1998년 4월과 5월에 수집한 1차 설문자료를 실증연구 자료로써 활용하고, 그 밖에 연구에 필요한 2차 자료는 1996년과 1997년에 작성된 각종 관련통계자료를 사용하기로 한다. 셋째, 내용적 범위로서 본 연구는 관광에 의해 파급되는 경제, 사회·문화, 환경적 영향 중에서 경제적 영향에 한정하여 연구를 수행하기로 한다.

한편 연구주제와 관련된 이론적 배경은 기(既)발표된 각종 문헌의 고찰을 통해 관광산업의 경제적 효과분석에 관한 연구의 틀을 구성하기로 한다. 그리고 실증조사를 위한 자료는 관광객, 관광숙박업체, 원재료공급업체, 일반 사업체, 관련 업체 종사자, 단양 거주민 등을 대상으로 설문조사한 1차 조사 자료와 관련 기관에서 발행한 2차 통계자료로써 구성하기로 한다.

세부적인 분석방법으로는 변화-할당분석(shift-share analysis), 입지상분석(location quotient analysis), 그리고 관광승수 분석방법을 기본으로 한다. 일반적으로 지역경제는 국가 전체의 경제상태와 해당 지역의 산업구조, 그리고 입지조건에 따라 영향을 받으므로 변화-할당분석을 통하여 지역 경제성장의 주요 영향요인과 원인을 찾아내고자 하며, 또한 입지상 분석을 행함으로써 조사대상지역에서 관광산업이 갖는 중요성을 전국과 비교하여, 관광산업이 지역의 특화산업으로서 수출산업의 역할을 하는지의 여부를 판단하고자 한다. 그리고 관광산업의 지역경제적 효과를 파악하는 분석수단으로는 승수개념에 기초한 관광승수분석을 택하기로 한다.[5] 분석에 사용할 관광승수는 소득승수(income multiplier)와 고용승수(employment multiplier)로 한정하였으며, 그 밖에 연간 관광객 총지출액을 산출하기로 한다.

---

5) 승수개념을 배제한 측정방법인 비용-편익분석(cost-benefit analysis)과 단순비교방법은 관광산업의 직접효과만을 파악할 뿐 간접효과와 유발효과 등의 파급효과는 파악할 수 없으므로 주요 정책결정을 위한 심층분석용으로는 부적합하다.

제2장 관광의 지역경제적 효과

제1절 관광의 지역경제적 역할

1. 관광의 경제적 의미

원래 관광이란 자유의사에 의해, 일시적으로 거주지를 이탈하여 새로운 지식이나 즐거움의 향유를 목적으로 이루어지는 비규칙적인 탈일상 행위이다. 따라서 관광은 힘이 들고 귀찮은 일을 의미하는 '여행'(travail)[6]이라기보다는 즐기기 위한 목적이 강하며, 이러한 관광의 의미는 19세기에 '즐기기 위해 여행을 하는 사람'을 가리키는 '관광객'(tourist)이라는 단어가 출현한 것에서도 확인이 된다(吉見俊哉, 1996:47). 즉, 그 당시 산업혁명이 전 유럽으로 전파되면서 이동성의 획기적인 개선과 더불어 나타난 생산성 향상은 소득증대로 이어지면서 중산층을 출현시켰으며, 이후 고용이 안정되고, 도시화가 확대되는 등 대량 관광이 발생하기에 충분한 사회변화를 초래하였기 때문이다(Murphy, 1985:13).

특히 20세기 들어 선진 자본주의사회에서 일어난 가장 큰 사회·문화적 변화 중의 하나는 노동 및 생산 중심의 생활양식에서 여가 및 소비 중심의 생활양식으로 변모하면서 새로운 사회가 창조된 것이다(김문겸, 1993:78). 능동적이고 생산적이지만 고생이 뒤따르던

---

6) 영어의 travel은 고생, 노동, 고통을 의미하는 프랑스어 'travail'에서 파생된 단어로서 힘이 드는 귀찮은 일을 의미한다(山下晋司, 1996:21).

과거의 이동행위(여행)는 자취를 감추고, 즐거움을 얻기 위해 비용
이 많이 드는 소비적인 이동행위(관광)로 구조변환된 것이 오늘날
의 관광이라고 할 수 있다(吉見俊哉, 1996:47-8).

따라서 경제발전에 따라 많은 사람들이 스스로 관광비용을 조달
할 수 있다는 사실은 이들 관광객이 필요로 하는 노동과 재화 그리
고 서비스(이하 '관광재'라고 칭함)를 생산하고 판매하려는 관련 업
체에게는 이윤을 받고 팔 수 있는 상품시장으로서 충분한 인센티브
가 되므로(Mattews, 1978:75), 오늘날에는 과거 가진 자만의 전유
물이었던 놀이문화가 이윤추구동기에 의해 상품화되고 있는 현상마
저도 지극히 자연스러운 것이다(이중구, 1996:100).

결국 개인의 즐거움과 자아발견을 위한 소비적 이동행위는 비용
의 지출이 수반되므로, 오늘날의 대량 관광(mass tourism) 현상은
관광재의 대량 소비와 관광산업의 급속한 팽창으로 귀착되었다.[7]
세계관광기구(WTO)는 2005년도 전 세계의 해외여행 수요가 8억
명을 돌파하였고, 우리나라를 포함한 아시아태평양 지역의 외래관
광객 수요는 연평균 7%의 성장률을 기록한 것으로 발표하였다
(WTO 뉴스, 2006. 1. 24). 그리고 세계관광협회(WTTC)는 전 세
계 관광산업이 2006년도에 4.6% 성장할 것으로 전망하면서 전 세
계 총생산의 3.6%를 차지할 것으로 전망하였다(YTN, 2006. 3. 7).
이와 같이 관광이 차지하는 비중은 향후 더욱 확대될 것이므로 관
광의 경제적 역할을 되새겨 볼 필요가 있다.

일반적으로 관광재의 거래에 의해 지역이나 국가에 미치는 경제적

---

7) 1950년 연간 2.1억 불에 불과하던 국제관광객의 소비지출은 1996년에 4,250
   억 불을 소비함으로써 금액상으로 무려 202배의 증가세를 보였으며(국제항
   공료 제외), 인원수로는 25백만 명에서 595백만 명으로 23.8배 증가하였다
   (WTO, 1997).

영향을 경제적 임팩트(economic impact) 또는 경제적 효과(econo-mic effect)라고 부른다. 상술하자면, 관광의 경제적 효과는 관광재의 거래에 의해 파생되는 모든 편익(총편익) 중에서 관광객이 얻는 순1차편익(net primary benefit)을 공제한 2차편익에서 다시 거래와 관련된 제비용을 공제한 나머지인 순2차편익(net secondary benefit)을 지칭한다. 바로 이것이 지역 또는 국가에 미치는 경제적 임팩트인 것이다. 그리고 순1차편익이란 특정한 관광사업의 산출물을 이용하는 특정 집단이 지불하려는 의사(willingness to pay)와 실제 이용 시 부과되는 이용료의 차이 즉, 소비자 잉여[8]를 말하며, 다음 그림의 P_0P_1A에 해당하는 면적이다(김사헌, 1997, 206).

흔히 관광의 경제적 영향은 긍정적 측면의 편익(benefit)과 부정적 측면인 비용(cost)이란 두 가지 의미를 동시에 내포하고 있으나 통상 긍정적 영향만을 지칭하는 개념으로 사용된다(김사헌, 1997:326). 관광의 긍정적 영향으로는 관광수입 증대효과, 고용창출효과, 외화획득에 의한 국제수지 개선효과, 경제구조의 다변화효과, 세수 확대효과 등이 있으며, 부정적 영향은 인플레이션 유발, 소비성향 증대, 외부의존도 증가에 의한 대외종속화, 생산의 계절성, 경기변동에 대한 취약성 등을 들 수 있다(Bull, 1995:136; McIntosh and Goeldner, 1984:407; Preister, 1989:16).

---

8) 소비자잉여(consumer surplus)란 소비자가 높은 가격을 지불하고라도 얻고 싶은 재화를 그보다 낮은 가격으로 구매한 경우 얻는 순이득(net gain) 또는 잉여만족(surplus satisfaction)으로 A. Marshall이 그의 저서 『경제학원리(Principles of Economics)』에서 주장하였다(조순·정운찬, 1997:86).

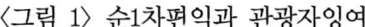

〈그림 1〉 순1차편익과 관광자잉여

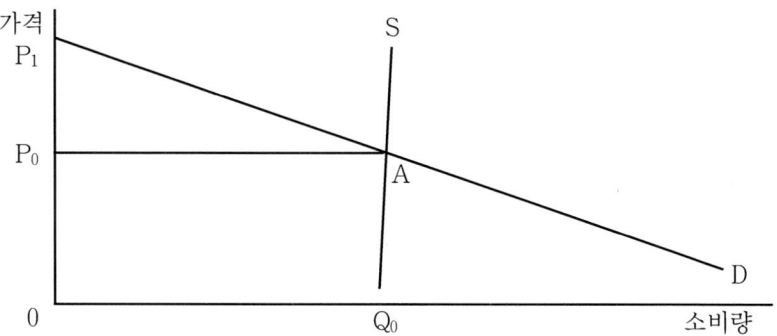

관광의 긍정적 효과를 높이 평가하는 많은 국가에서는 관광산업을 중요한 수출산업으로 인식하게 되지만, 반면에 외부자본에 지나치게 의존하거나 수입의존도가 높을 경우 소득의 누출이나 수입유발에 의한 비용증가로 인하여 기대만큼의 편익이 발생하지는 않는다(Briassoulis, 1991:485). 또한 부수적으로 사회·문화·환경적 측면에서도 많은 부정적 영향이 나타나므로 이를 최소화하는 방안이 강구되어야 한다(Lie, Sheldon and Var, 1987:19-20).

이와 같은 관광의 경제적 효과는 발생 단계별로 직접효과(direct effect)와 간접효과(indirect effect), 그리고 유발효과(induced effect)로 나눌 수 있다(Eadington & Redman, 1991:50; McIntosh & Goeldner, 1984:398-9; Frechtling, 1987:326-30; Var & Quayson, 1985:501; Liu et. al., 1984:282; 김사헌, 1997:326-7). 직접효과(direct effect)란 관광객이 지출한 관광경비가 직접적으로 발생시키는 효과를 일컬으며, 이는 관광객과 직접 대면하는 숙박시설, 음식점, 유흥업소, 기념품점 등의 관광업체를 운영하는 업자에게 발생하는 효과로서 1차 효과(primary effect)라고 부르기도 한다.

그리고 간접효과(indirect effect)란 관광객의 1차 지출이 해당 지역경제(관광업체)에 유입된 후 관광업체와 거래관계가 있는 집단에게 발생하는 효과를 말한다. 예를 들어 호텔업주는 호텔투숙객으로부터 받은 숙박비(1차 효과) 중의 일부를 그 호텔에 식음재료를 공급한 도소매상에게 물품대금으로 지급하게 된다. 따라서 그 도소매상은 관광 지출의 간접적 효과를 얻는 셈이다.

한편 관광수입을 얻은 호텔업주나 도소매상 등 관광에 직·간접으로 관련되어 있는 사람들의 가계부문의 소득이 상승하면 자연히 그들의 소비지출 수준도 증가하게 된다. 이렇게 증가된 소비지출은 역내 산업의 매출을 증대시키고 고용기회를 창출하는 등 지역경제 활성화에 일익을 담당하는데 이를 유발효과(induced effect)라고 한다. 이와 같은 간접효과와 유발효과를 합하여 2차 효과(secondary effect)라고 부른다.

이렇게 특정 지역에서 발생한 직접효과, 간접효과, 유발효과 등의 영향력은 지역 내부에 국한되지 않고 주변지역으로 확대되면서 근린효과(neighbourhood effect) 또는 확산효과(spill-over effect)를 일으키거나 시장기구로 통제할 수 없는 외부효과(external effect)를 야기하기도 한다. 따라서 관광의 경제적 영향력이 미치는 공간범위별로 관광의 경제적 영향을 분석하거나 상호 비교할 경우, 지역을 대상으로 하는 지역경제효과(regional economic effect), 국가를 대상으로 하는 국가경제효과(national economic effect), 또는 국가 간을 대상으로 하는 국제경제효과(international economic effect) 등으로 나누어 볼 수 있다.

2. 지역경제의 특성과 관광의 역할

지역경제에서 지역이라는 말은 국가경제가 발생하고 있는 공간을 어떠한 기준에 의해 구분한 것이며, 흔히 행정구역이 그 지역구분의 단위가 된다(강병주 외, 1991:3). 따라서 지역경제란 지방자치력이 행사되는 일정한 지역 내의 지역발전 및 주민복지를 향상시키는 경제활동을 의미하는 것이다(서정섭, 1992:4).

이와 같이 지역경제는 국가경제를 형성하는 지리적 분할단위(국민경제의 부분집합)를 구성하므로 지역경제와 국가경제는 각각의 성장과 변동으로부터 직접적인 영향을 주고받는다(서정섭, 1992:3). 그러나 지역경제가 국가경제의 한 부분집합으로서 비교적 경제활동 구조가 간단하고 균질적이므로 어느 정도 단순화가 가능할지라도 (강병주 외, 1991:3), 국가경제에 비해서 훨씬 개방적이라는 특성을 갖는다(김병현, 1990:6; Richardson, 1973:9-13).

일반적으로 국가경제는 국토의 크기가 매우 클 경우 국내에서 소비되는 대부분의 상품을 자급자족할 수 있으므로 폐쇄경제에 속할 수도 있다. 반면에 지역경제는 국가 간에 존재하는 사회적·정치적 장애물이 없고 동일한 세제와 법률이 적용되기 때문에 개방성을 띨 수밖에 없다(김병현, 1990:6). 따라서 한 지역의 경제활동은 해당 지역 내의 요인에 의해 결정되기보다는 지역외부의 요인에 의해 결정되는 경우가 많은 것이다.

국가경제의 입장에서 한 국가 내의 경제활동은 총량적인 의미를 가지므로 지역 간의 교류에는 큰 의미를 두지 않는다. 왜냐하면 한 지역의 득이 다른 지역의 실로 나타났을 때 이들 지역 간의 교역은 국가경제에 아무런 영향도 미치지 않기 때문이다. 따라서 이러한 시각을 갖고 있는 일부 정책입안자들은 관광, 특히 국내관광의 지역경제적 기능을 곡해할 수도 있다. 비록 국내관광이 지역의 한계소비성향을 높임으로써 자본의 부가가치를 제고시키는 중요한 역할을 하고 있음에도 불구하고, 그들은 단순히 소득의 재분배 또는 이전의 기능 정도로만 국내관광의 역할을 인식하고 있기 때문이다(Cooper and Pigram, 1984:3).

지역 차원에서 관광은 보이지 않는 수출이며, 부의 재분배를 촉진시키는 수단이다. 또한 유휴자원의 생산성을 높이고 고용을 유발시킴으로서 인구과소화 현상을 예방하는 효과도 갖는다. 특히 지역에 유입된 관광 지출은 그 지역경제 내에서 확대 재생산되므로 관광은 중요한 의미를 갖는다(Cooper and Pigram, 1984:3). 그렇지만 이와 같은 지역 간의 경제활동인 관광은 그 지역의 경제구조에 따라 파급효과의 크기가 달라지므로 본격적인 관광개발사업을 전개하기 전에 지역경제의 특성을 파악해야 한다. 예를 들어 소득의 대부분이 외부지역으로 유출된다면 그 지역은 아무런 경제적 혜택도 누릴 수 없게 된다.

허쉬만(Hirschman)은 그의 불균형성장이론(unbalanced growth theory)에서, 주요 선도산업의 발전이 다른 산업에 연쇄반응을 미치는 과정에서 경제가 발전하므로 경제발전을 이루기 위해서는 주요 선도산업에 집중투자를 하는 것이 바람직하다고 하였다(조순·정운찬, 1997:708). 그의 이론에 따라 과거 우리나라 경제발전의 기본방향은 특정 선도산업을 집중 육성하는 공업화 정책을 취하였다. 공업화 초기에는 부족한 자본과 생산요소를 경공업에 집중 투자하였고 이후 중화학공업으로 선도산업을 전환시켜 집중 육성한 결과 오늘날과 같은 경제성장을 이룩한 것이다.

그러나 이와 같이 주요 선도산업의 발전이 다른 산업에 연쇄반응을 일으키는 과정에서 경제발전을 유도하려는 불균형성장정책은 국가 차원 또는 도시 차원에서는 상당한 성과를 얻었지만, 농산촌 지역에서는 별다른 성과를 보지 못하였다. 즉, 불균형성장정책은 입지적 특성상 공업화가 불리한 내륙 산악권을 여전히 낙후지역 또는 침체지역으로 남겨 놓았기 때문에 지역 간 경제력 격차 심화라는 또 다른 경제문제를 파생시킨 것이다.

낙후지역의 특징은 가계와 민간경제 활동이 부진한 지역으로서 공업화의 정도가 낮아 각 산업이 다변화되거나 성장하지 못한 지역이다. 이러한 지역의 경제를 활성화시키려면 정부의 정책집행과 관련된 재정활동을 강화하거나 공업화를 촉진하고 또는 기반산업을 활성화시켜 수출을 증대시켜야 한다(서정섭, 1992:4-5).

그러나 적절한 대응책이 없을 경우 이러한 지역 간 격차는 시간의 경과에 따라 더욱 심화될 수 있다. 왜냐하면 누적적 인과의 원리(principle of cumulative causation)에 따르면, 일단 지역 간 성장의 불균형이 발생하면 그것은 누적적이고 자기 반복적이 되므로 지역경제의 '빈익빈 부익부' 현상이 심화되기 때문이다(권기철 譯, 1997:75). 즉, 어느 지역의 경제규모가 대규모화되면 규모의 경제(economics of scale)와 외부경제(external economy)가 작용하여 생산비가 절감되며 아울러 각종 사회간접자본이 이 지역으로 집중되면서 초기의 지역 간 격차는 오히려 심화될 수 있는 것이다(조순·정운찬, 1997:720).

따라서 바람직한 국가경제발전을 위해서는 지역 간 격차가 심화 또는 영구화되는 것을 방지하여야 한다. 그러나 1차, 3차산업에 비해 소득과 생산성 향상에 크게 기여할 수 있는 제조업의 입지는 최소비용원리와 최대수요원리를 충족시킬 수 있는 곳으로 제한된다. 즉, 자체 시장규모가 크거나 대량 소비시장으로의 접근성이 양호하고, 용수와 부지의 확보가 가능하며, 동력 및 원료의 조달이 손쉽고, 양질의 노동력과 유능한 전문인력이 풍부하며, 사회간접자본의 확충이 가능한 곳이 바로 제조업의 적지이다(김기흥 외, 1995:122-46).

결과적으로 우리나라의 농산촌 지역, 특히 고산으로 둘러 싸여 교통이 불편하고, 소비시장과 원거리에 위치한 내륙 산악지역은 제조업의 입지로는 부적당하므로, 비교우위를 확보할 수 있는 다른 대안산업을 육성함으로써 지역경제개발을 꾀하여야 한다.

재정자립도가 낮고 기반산업이 취약한 많은 지역은 상대적으로 자연자원이 잘 보존되어 있어서 관광객을 유치할 수 있는 잠재력이 큰 것으로 알려져 있으므로(김사헌 외, 1985:59), 지역의 특화(비교우위)산업으로서 관광산업을 채택할 필요가 있다.[9] Dixon과 Thirl-wall(1975)의 지역 성장모델에서 보듯이, 지역 특화산업에 의한 수출(관광)의 증가는 지역의 산출량 증가(관광산업 매출증대)에 영향을 주고, 이는 다시 수출부문의 생산성과 경쟁력을 향상시켜 산출량 증가로 이어지는 이른바 누적적 인과의 과정을 보여주기 때문이다(권기철 역, 1997: 96-7).

---

[9] 관광산업의 범주에 관광객이 요구하는 다양한 '관광재(재화와 용역)'를 제공하는 모든 기업을 포함시킬 수 있지만, 그들 기업의 고객은 반드시 관광객만은 아니며 오히려 지역주민이 주요 고객일 수도 있다. 따라서 관광산업보다는 '관광관련 산업'이라는 호칭이 적합할 것으로 판단되지만 관례상 '관광산업'이라는 명칭을 쓰기로 한다. 그러나 관광산업은 교통, 숙박, 식음료, 오락, 주유소, 사진관, 쇼핑 등 기존의 산업군을 포함하고 있으므로, 이들 요소산업의 범위와 그 관련 정도에 따라 관광산업의 범위가 달라질 수 있으며(한국관광공사, 1993:55), 또는 연구 주체에 따라서도 관광산업의 범위가 달라진다(김규호, 1996:49-50).

3. 관광의 지역경제적 효과와 누출

1) 관광의 지역경제적 효과

지역이 관광산업을 육성함으로써 기대할 수 있는 긍정적인 경제적 효과는 소득증대, 관광산업의 승수효과, 고용창출, 지가상승, 세수증대, 새로운 기술과 경영방식의 도입, 경제기반 강화 등이며, 부정적 영향으로는 고용의 불안정성, 혼잡, 낮은 자본투자 회수율, 외부비용 발생, 계절성에 의한 경제의 불안정성, 전시효과, 물가상승, 외부의존성 증대 등이 있다(Cooper and Pigram, 1984:3; Archer, 1973:5-14; Frechtling, 1987:330; 김사헌, 1997:364). 여기서는 관광산업의 긍정적 효과 중 각종 문헌에서 자주 언급되는 소득효과, 고용효과, 세수증대효과, 경제구조의 다변화 효과 등의 순으로 살펴보기로 한다.

관광산업은 관광객이 요구하는 관광재의 범위가 다양한 만큼 여러 이질적인 업체들로 구성되어 있다. 이들 관광업체 중의 일부는 전적으로 관광수입에 의존하지만, 대부분은 지역주민을 상대로 영업을 하면서 단지 수입의 극히 일부만을 관광에 의존한다. 물론 관광산업에 속하지 않은 산업 역시 관광 지출에 의해 유발된 경제적 효과를 볼 수 있다. 따라서 관광객이 지출한 비용(직접효과: 1차 효과)은 역내에 소재한 다른 경제부문에도 영향(간접 및 유발효과: 2차 효과)을 끼치게 된다.

〈그림 2〉 직접효과와 간접효과 경로

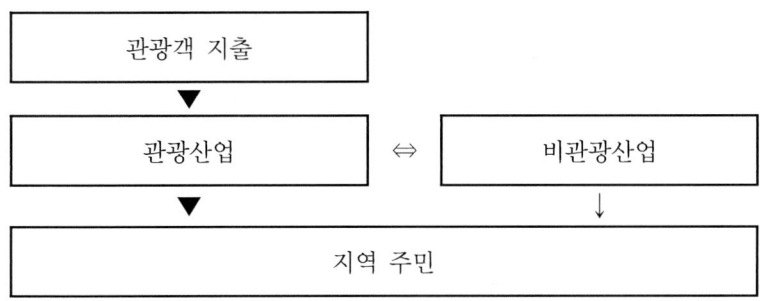

여기서 ▼: 직접효과, ↓: 간접효과, ⇔: 상호간 거래

　그러나 그 경제적 영향을 정확히 파악하기란 쉬운 일이 아니다. 왜냐하면 관광 지출의 최초 지출구조와 역내의 경제구조에 따라 달라지며, 소득효과를 측정하는 방법이나 측정시기별로도 다른 값을 보이기 때문이다(McIntosh and Goeldner, 1984:403-4: Mathieson and Wall, 1982:74-5). 그래서 Archer(1972:42)는 소득효과의 비교 연구가 가능하도록 관광산업을 4가지 유형(식음료, 숙박, 교통, 기타)으로 구분하였고, 이에 따라 Little(1962:30)과 Clawson and Knetsch(1966:235) 등이 미국을 사례로 소득효과를 연구한 결과, 관광객이 지출한 비용의 25-35%는 식음료비, 22-27%는 숙박비, 20-23%는 교통비, 17-27%는 기타의 부문으로 귀속됨을 알 수 있었다.

　Anthony(1977)는 미국인들이 1975년에 지출한 비용의 효과를 분석한 결과, 소매업, 항공, 숙박, 유흥, 자동차수리 및 서비스 분야에서 총 소득의 65%를 차지하는 등 관광의 직접적 소득효과가 두드러졌으며, 부동산, 도매업, 건축업, 창고업 등에서 간접효과를 기대할 수 있었다. 반면에 제조업이나 농업 등의 부문에는 눈에 띌 만한 효과가 나타나지 않았다.

한편 Briguglio(1993:81)는 몰타(Malta)의 사례연구에서 관광 지출이 여타 수출산업에 비해 개인소득에 가장 큰 영향을 끼친다고 하였지만, 타 산업과 비교한 관광산업 종사자의 평균 급여는 다소 낮은 것으로 보인다. 이는 관광산업의 고용이 반숙련직 또는 단순직 업무가 대부분이므로 급여수준이 상대적으로 낮아 나타나는 현상이며(Tribe, 1995:186), 그 예로 1996년도 뉴욕 주 관광산업 종사자가 받는 급여는 주 전체 급여의 4.6%에 불과한 반면 그들의 고용비중은 총고용의 9.1%를 차지하였다는 사실을 들 수 있다(NYSDOL's, 1998).

다음으로 관광의 고용효과를 살펴보기로 한다. 앞에서도 언급했듯이 관광산업은 다양한 개별 산업부문으로 구성되어 있기 때문에 관광산업이 필요로 하는 노동력 역시 각 산업 분야에서 매우 다양한 형태로 나타난다(Cooper and Pigram, 1984:3). 따라서 실업률이 높은 시기에는 고용창출원으로서 자연스럽게 관광산업이 언급되곤 했으며, 지역의 경제개발전략의 일환으로 관광이 많은 지방정부관리나 정치가의 관심을 끌어 왔던 것이다(Hudson and Townsend, 1993:49).

관광의 고용효과 역시 직접고용, 간접고용, 유발고용으로 구분되며(Goffe, 1975:26; Cooper and Pigram, 1984:3-4), 관광활동의 유형에 따라 크게 달라진다(Archer, 1973:6). 직접고용은 호텔, 음식점 등과 같이 관광객과 직접 대면하는 관광업체에 귀속된 고용을 의미하며 흔히 관광종사원이라고 불린다. 간접고용은 관광업체와 거래관계에 있는 농업, 도소매업, 운수업 등에 소속된 고용을 의미하고, 유발고용은 관광업체와 그 관련 업체의 종사원이 얻은 관광소득을 역내에서 재소비하여 역내산업을 활성화시킬 때 발생하는 고용을 의미한다.

관광산업의 고용을 양적인 측면에서 고찰하면, 대부분의 관광산업
은 노동집약적 산업으로서 고용창출 효과가 다른 산업에 비해 상대적
으로 크며, 저개발국가일수록 고용효과가 뛰어나다(Mathieson and
Wall, 1982:79).[10] 예를 들어, 버뮤다의 경우, 전체 고용 중에서 관광
산업이 차지하는 비중이 가장 높았으며, 특히 직접고용효과는 매우
큰 것으로 조사되었지만, 관광산업의 간접고용효과나 유발고용효과는
다른 수출산업보다 낮게 나타났다(Archer, 1995:924-6). 또한 아일랜
드의 일부 관광시설을 대상으로 수행한 연구에서도 전체 고용 중에서
간접고용(6.6%)과 유발고용(11.9%)이 차지하는 비중이 낮게 나타났
다(Deegan and Dineen, 1993:149). 이와 같이 간접고용 및 유발고용
효과가 낮게 나타나는 이유는 관광산업의 전후방 파급효과가 일반 산
업보다 낮기 때문으로 보인다(김규호, 1996:102-3).

그러나 질적인 측면에서 보면, 관광산업의 고용은 반숙련직 또는
단순직 업무가 대부분이고 급여가 낮으므로(Tribe, 1995:186) 남성
보다는 여성의 비율이 높게 나타난다. 특히 급여수준이 높은 대부
분의 경영관리직(숙련직)은 외지인이므로 관광소득의 누출이 발생
하는 원인이 된다(Mathieson and Wall, 1982:80). 또한 고용의 계
절적 편차가 심하므로 불완전고용상태에 놓인다(Archer, 1973:6,
Bull, 1995.156-8; Rose, 1981:10).

그리고 미국의 애팔래치아 지역의 고용승수를 조사한 Nathan은
375개 군(county)과 3개시를 사례조사한 결과 고용승수는 최소 1.13

10) 그러나 관광의 고용 및 소득효과는 경제구조, 관광개발의 단계, 수입성향
    등에 따라 국가 또는 지역별로 큰 차이를 보인다(Pavaskar, 1982:32). 예
    를 들어 멕시코와 케냐에서는 단위 투자당 관광산업의 고용창출효과가 여
    타 산업보다 큰 것으로 조사되었지만 유고슬라비아와 이스라엘에서는 반
    대로 훨씬 낮은 것으로 조사되었다.

에서 최대 2.63까지 나타났으며, 승수의 크기는 지역의 인구규모와 비례관계에 있다고 했다(McIntosh and Goeldner, 1984:399-400).

한편 관광을 통해 중앙정부가 얻는 세원은 크게 직접세, 간접세, 관세 등으로 구분된다. 직접세는 관광산업종사자에게 부과하는 소득세와 법인세가 대표적이며, 간접세는 관광객이 소비하는 상품과 서비스에 부과되는 주세, 부가가치세, 특별소비세 등이 있다. 그리고 관세는 외국에서 수입하는 물품에 부과되는 세금으로서 후진국일수록 수입관세에 의존하는 비율이 커진다(Lundberg et. al., 1995: 142). 한편 지방정부는 취득세, 등록세, 재산세 등의 세원을 확보하며 대규모 투자사업이 전개될 경우 이들 세목은 지방정부의 재정에 큰 도움을 준다.

이처럼 관광이 정부에 제공하는 경제적 편익 중 가장 직접적으로 기여할 수 있는 것이 세수증대이므로, 관광에 의한 세수증대는 중앙정부뿐만 아니라 재정자립도가 낮은 지방정부에서도 중요한 의미를 갖는 것이다. 즉, 재정자립도가 낮은 대부분의 지역은 입지 특성상 공업단지를 유치할 수 없는 곳이고, 관광산업의 성장잠재력이 높기 때문이다(김사헌, 1994:178). 그러나 세수증대만을 위하여 무분별하게 세원을 확장할 경우 이는 원가상승 및 투자위축으로 이어지므로 자칫 관광수요를 감퇴시킬 우려가 있다(McIntosh and Goeldner, 1984:407).

마지막으로 관광은 경제구조의 다변화에 촉매로 작용한다. 경제구조의 다변화란 1차산업에서 2차산업 또는 3차산업으로 경제구조가 전환되는 것을 의미하며, 관광산업이 이러한 구조전환 과정(공업화 과정)을 촉진시킬 수 있다. 물론 지방경제의 구조변화는 인구증가, 기술발달, 토지소유구조의 변화, 역외 취업기회 증대 등에 의

해 큰 영향을 받는 것임에는 틀림없지만 관광이 그 전환과정에서
촉매로 작용할 수 있기 때문이다(Schnell, 1975:773-4; Mathieson
and Wall, 1982:85; McIntosh and Goeldner, 1984:408).

예를 들어, 농업 등에 사용되던 토지의 용도를 관광지로 전용시
켜 새로운 관광산업시설을 건축할 경우, 관광산업은 농업의 기계화
에 의해 발생한 농촌의 유휴노동력을 흡수하여 관광재를 생산하는
2차, 3차산업으로 그들의 노동력을 전환시킬 뿐만 아니라 그들에게
새로운 소득창출의 기회를 제공함으로써 지역경제 구조의 다변화를
촉진시키는 것이다.

2) 누출과 관광의 지역경제적 효과

경제학자 Keynes에 따르면 경제성장은 누출과 주입의 정도에 의
해 좌우되며, 소득순환모형에서 누출은 저축, 조세, 수입 등으로 구
성되며, 주입은 투자, 수출, 정부지출 등으로 구성된다고 하였다
(Ryan, 1991:71). 예를 들어, 가계부문과 기업부문만 존재하는 국민
경제가 있다고 가정하면, 가계와 기업 간의 상호거래관계는 크게
임금과 소비로 연결될 것이다. 그러나 현실경제에서는 가계나 기업
이 그들의 소득을 모두 소비하지 않고 일부는 저축을 하기도 하는
데 이렇게 소득순환모형에서 빠져 나가는 부분을 누출(leakage)이
라고 한다. 한편 기업이 판매수익이 아닌 다른 소득을 생산활동에
사용한다면, 그만큼의 화폐흐름이 소득의 순환에 새로 들어오는데
이 부분을 주입(injection)이라고 한다(〈그림 3〉 참조).

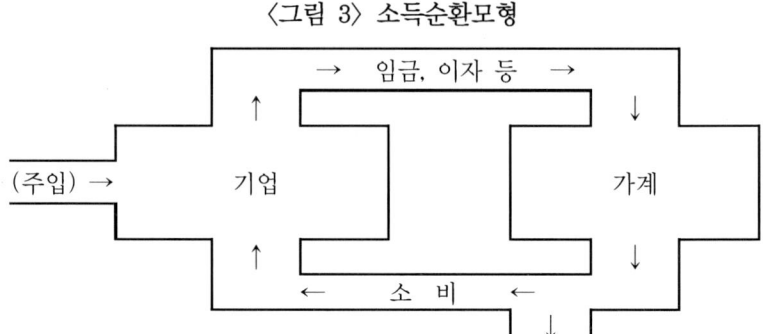

〈그림 3〉 소득순환모형

자료: Samuelson, P. A.(1973), *Economics*, 9th edition, p.231.을 토대로 재작성.

　〈그림 3〉에서 주입은 소득순환의 크기를 증가시키며, 소득의 크기에 의해 결정되는 것이 아니라 소득의 크기를 결정해 주는 독립변수의 역할을 한다(조순·정운찬, 1997:358). 관광산업의 경우 주입요소는 외부 민간자본에 의한 관광개발(投資)과 다수의 관광객 유치(輸出), 그리고 사회간접자본확충(政府支出) 등으로 생각할 수 있다.

　그러나 누출은 소득순환의 크기를 감소시킨다. 누출은 대체로 소득의 크기에 의존하는 종속변수이며, 이것이 소득의 크기를 결정하지는 않는다. 관광의 경우 역내에서 발생한 관광객의 최초지출이 지역에서 순환되지 않고 역외로 누출이 되면, 그 누출된 양만큼은 지역의 1차 투자기회를 상실케 하며, 이는 다시 2차, 3차로 연속되는 투자기회의 상실을 초래한다.

　누출이 발생하는 과정을 단계별로 나누어 보면, 우선 지역 내 관광산업체에 귀속된 관광객의 총소비지출 중에서 조세와 수입한 원재료 대금지급 및 외지에 거주하는 종사원에게 지급한 임금의 누출이 발생한다(1단계 누출). 다음으로 총소비지출에서 1단계 누출을 공제한 잔여소득이 관련 업체의 생산증가와 소득증대로 이어지면서 역시 조세와 수입대금 및 외지 종사원 임금 지급 등의 누출이 발생한다(2단계 누출). 마지막으로 2단계 누출 후의 소득이 지역민의 가처분 소득이 되면서 조세와 지역민의 저축 또는 타 지역에서 이루어지는 지역민의 소비지출 등 3단계 누출이 발생한다.

이렇게 지역에서 발생한 최초의 관광 지출이 역내 소득순환에서 빠져 나가는 부분을 관광의 지역경제적 누출이라고 하며, 이러한 누출이 커질수록 관광에 의한 지역의 경제적 효과는 작아진다. 따라서 관광에 의한 지역의 경제적 효과를 결정짓는 요소를 누출과 관련지어 살펴보면 다음과 같다.

첫째, 지역의 경제발전 정도 또는 산업구조의 다양성에 따라 다르다(Dwyer and Forsyth, 1994:525; McIntosh and Goeldner, 1984:399; Mathieson and Wall, 1982:61; Wall, 1995:447; 김사헌, 1997:366; Kim and Kim, 1998:54; Bull, 1995:186, Var & Quayson, 1985:501; Cooper and Pigram, 1984:5). 지역의 산업구조가 다변화될수록 관광객이 요구하는 다양한 관광재를 역내에서 공급하므로 관광 지출이 역내에 유보된다. 반면에 산업구조가 단순한 지역은 관광재를 상당 부분을 역외에서 수입, 공급하므로 누출현상이 심화된다. 따라서 경제발전 수준이 낮은 농촌형 관광지보다는 다양한 산업을 구비한 도시형 관광지에서 경제적 효과가 높게 나타난다.

둘째, 지역의 물리적 크기에 따라 관광의 경제적 효과는 다르다(Archer, 1973:42-3, Bull, 1995:152; Wall, 1995:447; Mathieson and Wall, 1982:61; Kim and Kim, 1998:54; 김사헌, 1997:381). 일반적으로 지역이 소규모일수록 경제구조가 단순하여 관광재 공급시설이 절대 부족하므로 관광객이 수요하는 관광재의 상당 부분을 역외에서 수입해야 한다. 일례로 작은 도서국의 관광소득승수(0.85)는 일반 국가(1.67)의 절반 수준에 불과하며, 국가에서 주(State), 군(County)으로 갈수록 관광소득승수의 크기가 작아진다(Wanhill, 1994:281).

셋째, 관광시설의 유형에 따라 다르다(Ryan, 1991:67). 관광객들의 지출은 주로 관광시설을 사용하면서 발생하므로, 관광시설의 유형과 품질에 따라 관광의 경제적 효과가 달라진다. 예를 들면, 농촌지역에 소재한 민박은 대부분의 숙박비가 주민의 직접소득이 되므로 지역경제 효과가 상대적으로 큰 것처럼 보이지만 실제로는 고급호텔의 지역경제 효과가 절대적으로 크다. 왜냐하면 객단가가 높은 고급호텔은, 비록 심한 소득의 누출현상이 발생하지만, 민박에 비해 숙박수입의 절대액이 크므로 지역에 잔존하는 소득이 훨씬 크게 나타나기 때문이다.

넷째, 관광시설의 소유관계에 의해 좌우된다(Ryan, 1991:67; 김사헌, 1997:367; Mathieson and Wall, 1982:62; Milne, 1987:499). 외지인이 소유한 관광시설에서 발생한 이윤의 상당 부분은 그 소유주의 거주지로 송금되므로 그만큼 누출이 커지기 때문이다. 예로써, 1975년 설악동 신단지개발사업을 계기로 설악동 상권이 현지 주민에서 외지인으로 바뀌면서 주민소득은 오히려 크게 감소하였다(김사헌, 1985:326).

다섯째, 토착노동력의 공급여건에 따라 다르다(Ryan, 1991:67-8; 김사헌, 1997:367; Mathieson and Wall, 1982:61-2). 지역 내에 충분한 양질의 노동력이 부족할 경우, 관광재 생산에 필요한 일반 노동력과 급여수준이 매우 높은 전문경영인력 등이 외지에서 충원될 수밖에 없다. 따라서 이들에게 지급되는 임금의 상당 부분은 외부로 누출되므로 지역경제에 끼치는 효과는 줄어들게 된다. 이러한 현상은 경제기반이 취약하거나 인구 과소지역일수록 문제가 된다.

여섯째, 관광객 유형에 따라 달라진다(Archer, 1973:43; Milne, 1987:505; Ryan, 1991:69-70; Liu et. al., 1984:286; 김사헌, 1997:366-7; 박석희 외, 1997:88-91; Kim and Kim, 1997:12). 일반적으로 통과형 관광객보다는 숙박형 관광객이, 저소비형 관광객보다는 고소비형 관광객이 지역경제에 끼치는 효과가 크므로 관광객의 숫자보다는 오히려 관광객의 유형이 중요시된다.

일곱째, 조세를 징수하는 주체(중앙정부와 지방정부)에 따라 누출의 크기가 달라질 수 있다(Bull, 1995:152). 비록 정부가 징수한 조세(세입)는 대부분 세출의 형태로 다시 경제로 환류되므로, 국가 전체로 보면 조세로 인한 누출은 발생하지 않지만, 지역 차원에서는 전혀 다른 상황이 전개된다. 즉, 중앙정부가 직접세와 간접세 명목으로 징수한 국세는 지역 차원에서 볼 때 분명한 누출로 작용한다. 따라서 지역소득승수보다는 전국 소득승수가 크게 나타나는 것이다.

이 밖에도 내방객의 수, 그들의 총비용 중에서 역내에서 지출되는 비율, 역내에 흡수된 지출의 재순환(recirculation) 정도 등에 의해 영향을 받는다(Archer, 1973:4; Eadington & Redman, 1991:51).

제2절 관광의 지역경제적 효과의 분석모형

일반적으로 지역경제적 효과를 분석하는 기법으로는 경제기반분석(economic base analysis), 지역산업연관분석(regional input-output analysis), 지역계량경제모형(regional econometric model), 소득지출모형(Keynesian income-expenditure model), 입지상분석(locational quotient analysis), 지역수지분석(balance-of-payment analysis), 변화-할당분석(shift-share amalysis), 비용-편익분석(cost-benefit analysis) 등이 있다(고영구, 1996:4, 강병주 외, 1992:5-6).

이 중에서 관광의 경제적 효과를 측정하는 방법으로는 비용-편익분석(costbenefit analysis),[11] 케인즈의 소득-지출모형을 변형한 관광승수분석(multiplier analysis), 경제기반분석(economic base analysis), 산업연관분석(input-output analysis) 등이 자주 사용된다 (U.S. Travel Data Center, 1978:89; Frechtling, 1987:347-8; 김사헌, 1997:325). 그러나 비용-편익분석은 현재의 화폐흐름을 미래의 가치로 계산하는 비교적 정교한 방법이지만, 분석과정의 어려움과 많은 가정이 수반될 뿐만 아니라 승수개념을 배제했기 때문에 관광산업의 간접효과와 유발효과 등의 파급효과는 파악할 수 없다. 따라서 본 연구에서는 승수개념을 중심으로 고찰하기로 한다.

1. 승수의 개념과 정책적 의미

1) 일반 승수

승수(乘數, multiplier)란 어느 지역경제에 끼친 최초의 변화가 결과적으로 그 지역경제에 가져온 배수만큼의 변화, 다시 말해서 기

---

11) 편익-비용 비율(benefit-cost ratio)을 구하는 과정은 우선 관광객의 지출이 이루어지는 장소와 그 지출이 역외로 누출되는 비율(수입성향)을 파악한다. 다음으로 한 지역 내에서 발생하는 지출이 가져오는 소득승수(비율)를 도출하고, 이 값을 관광객 지출에 곱하여 총 편익을 구한다. 그리고 수입과 지출을 화폐로 환산하여 편익-비용 비율을 구하고 이를 가지고 민간 또는 공공부문에 나타날 소득과 비용을 평가한다(Lundberg, 1976:151-3).

초소비, 자발적 투자 및 정부지출 등 한 경제에 있어서 국민소득과 독립적으로 이루어지는 자생적 지출의 변동이 균형국민소득의 변화에 미치는 영향을 측정하는 척도를 말한다(이명규 외. 1996:421).

이러한 승수의 개념은 19세기 후반부터 논의가 시작되어 1931년 Kahn이 "국내투자의 실업에 대한 관계(The relation of Home Investment to Unemployment)"라는 논문을 통해 집대성하였다. 그 논문에서 Kahn은 경제활동에서 발생되는 투자증가가 외화수입, 소득, 고용 및 소비 등을 유발시키는 과정을 일목요연하게 보여주는 승수모형을 소개하였다(Kahn, 1931:173-98).

Keynes는 Kahn의 승수원리를 더욱 발전시켜 체계화하였다(Keynes, 1933: 405-7). 그는 실물부문의 지출 또는 소득의 흐름만을 분석한 단순이론(simple Keynesian theory)에서 국민경제의 총지출은 소비와 투자의 합이며, 이는 총수요를 의미한다고 했다. 또한 수요가 있으면 공급은 자동적으로 발생하므로 총생산량(Y)은 총수요(C+I)에 의해 결정되며, 이때 소비는 소득의 증가함수(C=a+bY)이고, 투자(I)는 현재의 소득수준과 관계없이 미래에 대한 기대로 결정되므로 독립투자($\bar{I}$)가 된다.[12] 이를 수식으로 표현하면 다음과 같다.

$$Y = C+I \qquad\qquad (1)$$
$$C = a+bY \qquad\qquad (2)$$
$$I = \bar{I} \qquad\qquad (3)$$

(2)식과 (3)식을 (1)식에 대입하면

---

[12] 소비(C)는 소득과 관계없이 의식주 등 반드시 지출되는 독립소비지출(a)과 문화·오락비 등 한계소비성향(b)과 소득증가에 따라 지출되는 종속소비지출(bY)의 합이다.

44

$$Y = \frac{1}{1-b} \ (\ a+\bar{I} \ ) \qquad (4)$$

여기서 독립투자의 증가 ΔI 가 ΔY 만큼의 소득증가를 가져 온다고 보면 (4)식은 다음 식과 같이 고쳐 쓸 수 있으며, 승수 (multiplier)는 $\frac{1}{1-b}$ 이 된다.[13]

---

13) 실제로 지역경제에서 승수가 도출되는 과정을 살펴보기로 하자. 한계소비 성향이 3/4인 민간 부분만 존재하는 지역경제에 관광객이 100억 원의 관광비용을 지출했다고 가정할 때, 관광객이 지출한 100억 원은 그 지역주민의 1차 소득이 되며, 그 소득의 3/4은 다시 역내에서 소비되면서 75억 원의 2차 소득을 창출한다. 또 다시 75억 원의 추가소득 중 3/4이 소비되면서 56.25억 원의 3차 소득을 발생시키는데, 이러한 과정은 무한대로 반복된다. 따라서 지역주민이 관광객의 지출 100억 원에 의해 얻게 되는 소득의 증가분(ΔY)은 다음과 같이 계산할 수 있다.

$$
\begin{aligned}
\Delta Y &= 100 + 100 \times (\tfrac{3}{4})^1 + 100 \times (\tfrac{3}{4})^2 + \cdots + 100 \times (\tfrac{3}{4})^n \\
&= 100 \ [\ 1 + (\tfrac{3}{4})^1 + (\tfrac{3}{4})^2 + \cdots + (\tfrac{3}{4})^n \ ] \\
&= 100 \ \left(\frac{1}{1 - \tfrac{3}{4}} \right) = 400
\end{aligned}
$$

이 계산과정을 간단하게 나타내기 위하여 투자증가분을 ΔI 로, 한계소비 성향(marginal propensity to consume: MPC)을 b로 표시하면 소득증가분 ΔY 는 다음과 같은 수식으로 표현된다.

$$
\begin{aligned}
\Delta Y &= \Delta I + \Delta I b^1 + \Delta I b^2 + \cdots + \Delta I b^n \\
&= \Delta I \ (1 + b^1 + b^2 + \cdots + b^n) \\
&= \Delta I \ (\frac{1}{1-b})
\end{aligned}
$$

여기에서 $\frac{1}{1-b}$ 이 승수(Keynesian multiplier)이다. 결국 승수는 독립지출 (관광 지출)의 증가가 소득의 증가를 가져오는 배수 또는 소득의 증가와 독립지출의 증가비율 $\left(\frac{\Delta Y}{\Delta I} \right)$ 을 의미하는 것이다.

$$\Delta Y = \frac{1}{1-b} \Delta I$$

한편 한계소비성향(MPC) b는 항상 0보다 크고 1보다 작으며, 1-b (한계저축성향:MPS) 역시 0보다 크고 1보다 작으므로 승수 $\frac{1}{1-b}$은 항상 1보다 큰 숫자가 된다. 따라서 한계소비성향(b)이 커질수록 분모는 작아지므로 승수는 커지며, 한계소비성향이 1이면 승수는 무한대가 된다. 결국 지역의 경제적 효과 ΔY를 극대화하려면, 한계소비성향을 높여 승수를 크게 하거나, 또는 독립지출 ΔI을 증가시키면 된다.

한편 Leontief는 1936년 "미국 경제체계에서의 투입산출의 수량적 관계(Quantitative Input-Output Relations in the Economic System of the United States)"라는 논문을 통해 승수효과뿐만 아니라 산업 간 연관관계까지도 파악하였다. 산업연관분석의 시초는 프랑스 경제학자 François Quesney가 1758년 발표한 경제표(Tableau Économique)에서 연유하며, 이후 Léon Walras의 일반균형이론(a theory of general equilibrium in economies)을 토대로 Leontief가 산업연관분석 모형을 발전시켰다(Miller and Blair, 1985:1-2).

산업연관표란 각 산업부문으로부터 최종 수요부문으로 공급된 재화 및 서비스가 각 산업부문에서 어떠한 투입과 산출이라는 서래과정을 거치는가를 일정 기간 동안 관찰하여 정리한 일람표(matrix)로서 행(row)에는 각 산업부문의 다른 산업부문에 대한 판매량을 표시하고, 열(column)에는 각 산업부문이 다른 산업부문으로부터의 구입량을 표시하여 산업 상호간 투입산출량의 기술적 의존관계를 파악하는 방법이다.

그러나 초기 산업연관표는 국가 차원의 분석방법이므로 지역 차원의 상이한 생산기술구조나 교역상태를 반영하지 못하는 단점이 있었다. 이를 해결하기 위하여 1950년대 들어 Isard(1951, 1953)와 Leontief(1953) 등이 지역산업연관표(regional input-output table)를 개발하였다(고석남·곽철홍, 1995:36-7).

2) 관광승수

관광승수 역시 일반 승수와 동일한 개념에서 출발한 것으로 단지 분석대상이 관광으로 제한된 것이 차이점이다. 따라서 관광승수란 관광객이 지출한 돈이 완전히 외부로 누출될 때까지 지역경제를 순환하면서 발생시킨 경제적 영향의 정도 즉, 투자한 단위 변화에 의해 야기된 고용이나 소득 또는 산출의 변화분을 의미한다고 정의할 수 있다(Fridgen, 1991:150). 다시 말하자면, 외부관광객이 특정 지역에서 지출한 돈에 의해 발생되는 산출이나 소득 또는 고용증대 등의 경제적 영향을 계량화해 주는 측정수단인 것이다(Var and Quayson, 1985:499).

일반적으로 관광객이 지출한 관광비용은 국가단위에서 최초 1년 간 5~6단계의 연속적인 거래를 발생시키며 이후 13~14단계까지 거래가 진행된 다음에 소멸되는 것으로 알려졌다. 그동안 관광객이 지출한 비용은 그 국가 내에서 완전히 소멸될 때까지 3.2~4.3배의 승수효과를 발생시킨다(Archer, 1973:42).

관광 측면에서 승수를 이용한 관광의 경제적 효과에 관한 연구는 일반 승수에 비해 뒤늦게 시작되었다. 1960년 Harmston이 발표한 "서부지역의 여행자 지출의 간접효과(Indirects of Traveler Expenditure in a Western Community)"라는 논문이 효시였으며, 이후

1970년 Strang과 1973년 Archer 등에 의해 급속히 확대되었다(김사헌, 1997:346). 특히 Archer(1973)는 Keynes의 승수이론과 산업연관분석을 토대로 지역경제에 미치는 관광의 영향을 소득과 고용 측면에서 파악하는 모형을 개발하였다.

관광의 경제적 효과를 측정하는 유일한 관광승수는 없으며, 상황에 따라 다양한 관광승수가 사용되고 있다(Fridgen, 1991:150-1). 그중에서 특히 1차 효과와 2차 효과를 추정하기 위해 개발된 수많은 기법 중에서 가장 널리 쓰이는 기법은 *ad hoc* 승수[14]와 산업연관 승수이다(Kim and Kim, 1998:49). *ad hoc* 승수는 특정 목적을 달성하기 위하여 연구자가 임시로 간단하게 만들어 사용하는 모형으로서 단순하고 사용이 쉽지만 비조직적이고 정보제공에 한계가 있다. 이는 다시 케인즈류 관광승수와 경제기반이론류 관광승수로 나누어 볼 수 있다(김사헌, 1997:332-3).

---

14) Archer는 관광효과의 특정이라는 특수한 목적을 위해 임시로 구성한 모형이라는 뜻에서 '*ad hoc model*'이라고 부르고 있지만, 엄밀한 의미에서 이 모형은 케인즈의 기본승수개념에 바탕을 두고 있으므로 '케인즈류 관광승수(Keynesian tourist multiplier)'로 부르는 것이 적절하다는 주장도 있다 (김사헌, 1997:333).

48

〈그림 4〉 관광소득승수효과의 발생과정

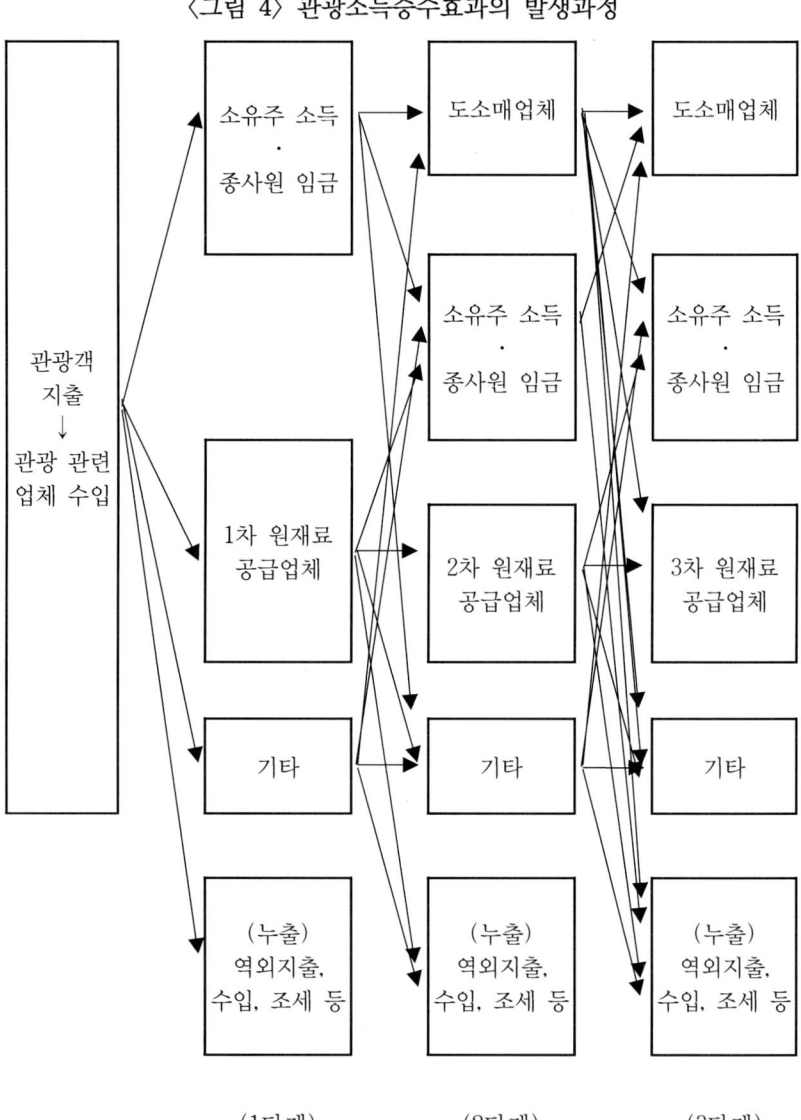

경제기반이론류 관광승수모형은 자료의 즉각적인 구득이 가능하
다는 점에서 가장 손쉽게 사용할 수 있는 모형이며, 군 단위의 소
규모 지역에서도 적용할 수 있다. 그리고 케인즈류 관광승수모형은
관광객, 주민, 업자를 대상으로 실제조사를 함으로써 이용숙박시설,
지출형태 등의 자료를 필요로 한다(Frechtling, 1987:349).

반면에 산업연관 승수는 경제적 효과를 체계적으로 분석함으로써
전산업 간의 거래내역을 포함한 파급효과를 측정할 수 있다. 따라
서 산업연관 승수는 정책결정에 다양하게 사용된다(Briguglio,
1993:80). 즉, 각 부문들이 다른 부문과 어느 정도 연관관계를 갖고
있는지와 어떤 산업이 문제가 있는지를 밝혀 주므로 정책결정자로
하여금 취약한 산업을 강화시키는 정책을 수행할 수 있게 한다
(Fridgen, 1991:154).

이와 같이 관광에 의해 야기되는 지역 경제효과를 분석하는 승수모
형 중에서 외국에서 가장 사용 빈도수가 높은 승수모형은 산업연관분
석류 관광승수모형이며, 이는 외국의 경우 지역산업연관표가 잘 구비
되어 있으므로 분석결과의 신뢰성이 높기 때문으로 보인다.[15]

그러나 우리나라의 경우 지역감정 유발 가능성 등 정치적인 이유
로 지방자치 및 지역개발에 필수적인 지역의 기초통계자료가 제대
로 작성·발표되지 못하고 있다(강병주 외, 1991:1). 따라서 지역산
업연관분석에 관한 국내 선행연구는 수로 지역자료를 추계하는 방
법에 관심을 두었으며 그 결과 동일 년도에 동일 지역을 대상으로
수행된 연구도 연구자에 따라 각양각색으로 나타나고 있는 것이다

---

15) 미국의 경제분석국(U.S. Bureau of Economic Analysis)은 시·군 단위의
지역산업연관표를 제공하고 있다. 그러나 이와 같이 지역 차원의 정밀한
산업연관표가 제공되지 않는다면, 전국산업연관표를 지역 차원에 적용할
수는 없다(Frechtling, 1987:349).

(고영구, 1996:27-8).

3) 관광승수의 정책적 의미

어떤 국가 또는 지역에서 발생하는 경제적 효과는 승수의 크기뿐만 아니라 전체 관광수입의 규모에 의해 영향을 받으므로, 단지 승수의 대소만을 가지고 관광의 경제적 효과를 판단해서는 안 된다 (Wall, 1995:447). 예를 들어, 승수는 매우 큰 반면에 관광수입의 절대액이 적은 지역이 갖는 관광의 경제적 영향은 비록 승수가 작지만 관광수입액이 매우 큰 지역보다 작게 나타나기 때문이다.

또한 관광승수를 전국과 지역에 동일하게 적용해서는 안 된다 (Archer, 1973: 42). 일반적으로 조사대상지역의 규모가 작아질수록 누출의 발생량은 많아지므로 전국 차원의 승수가 지역에서 얻는 승수보다 높은 값을 보이기 때문이다. 따라서 승수분석 자체는 정책결정에 필요한 단지 하나의 참고자료일 뿐이므로 반드시 관광수요와 시장특성까지 반영한 다음에 의사결정을 내려야 한다(Archer and Fletcher, 1996:47).

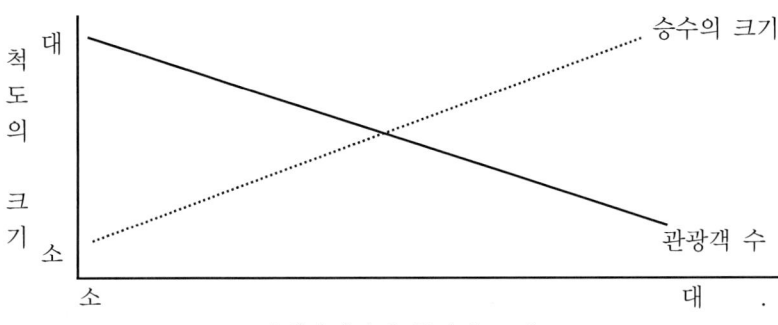

〈그림 5〉 조사대상지역의 크기에 따른 승수와 관광객 수 변화

자료: Wall(1997), "Scale Effect on Tourism Multipliers", *Annals of Tourism Resaerch*, Vol.24(2).

승수의 크기에 영향을 끼치는 요인은 크게 네 가지로 나눌 수 있다. 첫째, 조사대상지역의 물리적 크기이다(Eadington & Redman, 1991:51; Wall, 1995:447). 조사대상지역이 클수록 누출이 적어지므로 승수가 크게 계산된다. 둘째, 경제구조가 다변화될수록 승수는 커진다(Wall, 1995:447). 즉, 관광객이 요구하는 관광재와 그 생산에 필요한 원료를 역내에서 공급받을 수 있으므로 누출이 적어지고 승수는 커진다. 그러므로 도시의 승수가 농촌지역보다 높게 나타난다. 셋째, 최초 지출이 어디로 주입되는가에 따라 승수가 변한다(Wall, 1995:447). 예를 들어, 여관과 같은 숙박시설에 지출되는 돈은 곧바로 지역주민(소유주)에게 귀속되지만, 담배나 술을 사면서 지출된 돈은 상당 부분이 역외로 누출될 것이기 때문이다. 넷째, 현지 주민의 소비성향의 크기에 따라 승수의 크기가 달라진다(김사헌, 1997:368). 지역 주민의 소비성향이 높아 역내에서 연속적으로 반복 소비된다면 그 지역경제는 확대 재생산되며 따라서 승수의 크기 또한 커지게 된다.

2. 관광승수 모형의 종류

1) 케인즈류 관광승수

케인즈류의 관광승수는 Archer가 'ad hoc multiplier'라고 명명한 대로 관광에 의한 지역의 경제적 효과를 측정하기 위하여 연구자들이 임시적으로 만든 단순하고 적용이 용이한 모형을 의미한다. 따라서 모형이 단순한 만큼 제공하는 정보에도 한계가 있는 분석기법이지만(김사헌, 1997:332), 통계자료의 구축이 미비한 소규모 지역의 경제적 파급효과를 분석하는 데 유용한 모형으로 이용되고 있다(Davis, 1990:29).

이 모형은 관광객의 지출 중에서 1단계 누출 후 지역에 남는 비율과 지역주민의 소비성향 그리고 지출 중에서 그 지역민의 소득이 되는 비율 등을 가지고 경제적 효과를 파악하는 데 주로 사용된다(U.S. Travel Data Center, 1978:90). 지역단위의 케인즈류 관광승수는 기본적인 케인즈승수[16]를 변형하여 다음과 같은 형태를 취하는 것이 보통이다.[17]

---

16) 케인즈는 지역의 소비지출과 지역투자지출, 지역에 대한 정부지출 그리고 지역수출 등을 합한 값에서 지역수입을 차감한 값이 지역소득이라고 하면서 다음과 같은 승수를 제안하였다(권기철 역, 1997:24).

$$k = \frac{1}{1 - (1 - t)(c - m)}$$

여기서 t: 한계조세성향, c: 한계소비성향, m: 한계수입성향

17) Archer(1973:49)는 이 모형을 Clawson · Knetsch 모형이라고 불렀으나 사실은 Tiebout의 경제기반승수($B \times \frac{1}{1-a}$ 단, B는 기반산업, a는 한계지출성향)를 그대로 따랐으므로 Tiebout 모형으로 불리는 것이 적절하다.

$$A \times \frac{1}{1-BC} \qquad (1)$$

여기서 A: 관광객이 현지에서 지출한 총비용 중 1단계 누출
후 현지에 남는 비율(관광소득성향=(관광수입 -
역외 누출)/관광수입)

B: 현지지출이 지역소득자에 의해 현지에서 재소비
되는 비율(지역민의 소비성향=소비/소득)

C: 현지에서 소비된 지출이 그 지역의 소득이 되는
비율(지역의 소득성향=(지역수입 - 역외 누출)/
지역수입)

그러나 (식 1)과 같은 단순한 모형으로는 지역 내 각 산업부문의
관계와 이들 부문과 소득발생효과 간의 관계 등 관광의 지역경제적
효과를 제대로 설명할 수 없다. 따라서 Archer는 이를 해결하고자
Clawson과 Knetsch의 승수모형(식 1)을 변형하여, 영국 북웨일즈
지방 앙걸시군의 관광숙박시설의 지역경제적 효과를 측정하면서
'아드 - 혹' 관광승수(Anglesey tourist *ad hoc* multiplier)라는 발전
된 모형을 제시하였다(Archer, 1973:25-76).

Archer는 우선 관광객의 지역지출 총액을 계산하기 위한 모형
(식 2)을 개발하였다. 계산에 필요한 기초 자료는 관광객에게 설문
조사한 자료를 사용하였으며, 그 밖에 2차 통계자료와 숙박업자에
대한 면접 조사 자료로서 보충하였다.

$$\sum_{j=1}^{m} \frac{N_j H_j D_j E_j}{S_j} \;+\; F_j \qquad (2)$$

여기서 j: 관광숙박시설의 유형

N: 관광숙박시설의 1일 수용인원

H: 영업기간 중 평균 객실점유율

D: 영업 일수

E: 관광객 1인당 평균 소비액

S: 관광객 평균 체재 일수

F: 숙박시설의 외지소유자가 지불한 경비

그리고 지역의 관광소득승수와 관광고용승수를 도출하는 모형으로는 각각 (식 3)과 (식 4)를 사용하였는데, (식 4)에서 좌항은 직접고용을 나타내며, 우항은 간접고용을 나타낸다.

$$\sum_{j=1}^{n} \sum_{i=1}^{n} Q_j K_{ij} V_i \left(\frac{1}{1 - L \sum_{i=1}^{n} X_i Z_i V_i} \right) \qquad (3)$$

여기서 i: 소비대상의 유형(숙박, 식비, 입장료 등)

j: 관광숙박시설의 유형(호텔, 여관, 민박 등)

Q: 총 관광 지출 중 각 숙박시설에 지출한 비율

K: 관광객이 소비하는 품목에 대해 지출한 비율

V: 관광객의 소비품목별 지역소득화 비율

L: 지역민의 소비성향

X: 지역민이 소비하는 품목에 대해 지출한 비율

Z: 지역민이 지역에서 소비한 소득의 비율

$$\sum_{j=1}^{n} \sum_{i=1}^{n} Q_i \, K_{ij} \, A_i + \left(\sum_{j=1}^{n} \sum_{i=1}^{n} Q_i \, K_{ij} \, V_i \right.$$

$$\left. \times \frac{1}{1 - L \sum_{i=1}^{n} X_i \, Z_i \, V_i} \right) \sum_{i=1}^{n} X_i \, B_i \tag{4}$$

여기서 i: 소비대상의 유형(숙박, 식비, 입장료 등)

j: 관광숙박시설의 유형(호텔, 여관, 민박 등)

Q: 총 관광 지출 중 각 숙박시설에 지출한 비율

K: 관광객이 소비하는 품목에 대해 지출한 비율

A: 단위관광 지출당 직접창출고용

B: 지역민 지출당 기타 지역고용(총고용 - 관광고용)

V: 지출항목별 지역의 부가가치

L: 지역민의 소비성향

X: 지역민이 구매하는 품목에 대해 지출한 비율

Z: 지역민이 지역에서 소비한 소득의 비율

이와 같은 지역 관광승수모형은 관광객을 숙박유형별 및 소비지출 유형별로 각 부문의 특성을 최대한 반영했기 때문에 (식 1)보다는 한층 현실성 있는 모형으로 평가된다. 그러나 Archer의 모형 역시 Keynes 승수이론의 가정과 마찬가지로 지역경제는 잉여생산능력이 있는 불완전 고용상태이며, 소비성향과 가처분소득의 증가는 정비례 관계에 있다는 가정을 채택하고 있으므로 모형의 한계점으로 나타난다. 특히 역외자본의 유입이나 상품의 수입 또는 조세부문을 언급하지 못함으로 인해 소득의 누출현상을 반영하지 못하는 단점이 지적된다.

그럼에도 불구하고 '아드-혹' 관광승수모형은 관광객, 관광산업종사자, 지역주민 등에 대한 실증자료 수집절차와 방법이 타당하다면 상당한 정확성을 기대할 수 있는 모형이다(Frechtling, 1987:349).

2) 경제기반이론류 관광승수

경제기반이론(economic base theory)은 수출기반이론(exports base theory)이라고도 불리며 케인즈류의 경제이론에 바탕을 두고 수요 측면을 중심으로 접근하는 지역성장이론으로서(홍기용, 1995:90-1), 1940년대 Hoyt와 Weimer 등에 의해 창안되고 1960년대에 이르러 Isard와 Tiebout에 체계화된 지역고용과 소득결정에 관한 지역경제분석기법이다.

이 모형은 모든 지역경제활동을 기반산업과 비기반산업으로 나누고, 기반산업이 그 지역경제의 성장을 주도한다는 이론이다.[18] 즉, 기반산업이 외부수요를 충족시키는 과정(輸出)을 통해 획득한 재화가 지역경제에 재투자되면서 관련 산업의 성장을 촉진시켜, 지역의 고용창출과 소득증대를 실현하고, 결과적으로 지역경제의 성장을 가져온다는 이론이다. 여기서 기반산업은 외부로의 수출산업으로서 지역의 고용과 소득을 창출하는 원천이 되고, 비기반산업은 지역수요를 충당하는 소비산업으로서 기간산업에 종속된 산업을 일컫는다(Frechtling, 1987:348).

---

18) 기반산업은 여러 산업 중에서 다른 지역으로의 수출을 주목적으로 제품을 생산하는 해당 지역의 경제적 기반산업을 말하며, 기반산업의 고용과 소득은 외생적 수요(exogenous demand)의 함수이다. 그리고 비기반산업은 기반산업을 제외한 모든 산업으로서 기반산업에 종사하는 고용자들에게 필요한 지원활동을 제공하는 산업이며, 기반산업을 통하여 간접적으로 외생적 수요와 관련을 맺는다.

경제기반이론에서 전제하고 있는 가정은 크게 다섯 가지가 있다 (강병주 외, 1992:37-8). 첫째, 산업은 기반부문과 비기반부문으로 양분되며, 한 지역의 성장은 기반부문에 의해서만 이루어지고, 둘째, 기반부문의 수출활동은 비기반부문의 생산활동에 영향을 끼치며, 셋째, 지역 내 생산으로서 수입을 대체하지 못하고, 넷째, 기반부문에 의해 생산된 재화와 용역은 해당 지역에서 소비될 수 없고, 다섯째, 추계기간 동안의 성장변수(독립변수)에 관계되는 매개변수(parameter) 승수의 값은 변동이 없다는 것이다.

여기서 산업을 기반산업과 비기반산업으로 구분하는 방법은 면접이나 설문지 등을 이용하는 직접조사방법과 가정법, 입지상, 최소요구량 등 이론적 기법 등을 사용하는 간접조사방법이 있다(강병주 외, 1992:38-40). 직접조사법은 설문이나 면접 등을 통해 비교적 정확한 정보를 얻을 수 있는 장점이 있으나 시간과 비용이 많이 든다. 간접조사법 중 가정법은 소규모 지역이나 고립지역에서 효과가 좋지만 조사자의 주관이 개재될 위험이 크며, 최소요구량법은 한 지역의 경제적 활력을 유지하기 위해 필요한 노동력을 계산하고 이를 실제 노동인구와 대비하여 실제 노동인구가 많은 산업을 수출산업의 노동력으로 간주하는 방법이다.

이제 지역에서 경제기반이론류의 관광승수가 도출되는 과정을 살펴보자. 지역의 전체 고용(또는 소득)은 기반산업과 비기반산업의 합으로 구성된다. 즉,

$$T = B + N \qquad (1)$$

여기서 T: 전체 산업의 소득 또는 고용

B: 기반산업의 소득 또는 고용

N: 비기반산업의 소득 또는 고용

그리고 비기반산업의 소득(고용)은 지역 전체 산업의 생산활동과 비례관계에 있으므로, 이를 전체 소득의 함수로 나타내면 다음과 같다.

$$N = a\,T \qquad\qquad (2)$$

여기서 $a = \dfrac{N}{T}$ 이며, 지역의 한계지출성향을 의미함.

식 (2)를 식 (1)에 대입하면

$$T = B + a\,T \text{에서} \quad T = \frac{1}{1-a} \times B \qquad (3)$$

식 (3)에서 기반승수(base multiplier)는 $\dfrac{1}{1-a}$ 가 된다.

이 모형의 장점은 모형이 가장 단순하고(Eadington & Redman, 1991:51), 군 단위의 소규모 지역에서도 쉽게 적용할 수 있다는 점이다(Frechtling, 1987:348). 또한 특정 지역의 모든 산업을 기반산업과 비기반산업으로 정확히 분류할 수만 있다면, 자료의 구득과 승수의 도출이 손쉽고, 생산량 흐름에 관한 자료 없이도 고용예측을 통해 경제예측이 가능하며, 산업 간의 관련성에 의해 생산이나 고용을 예측할 수 있다는 장점이 있다(Bendavid-Val, 1983:83; 김규호, 1996:15; 조현순, 1991:31).

반면에 약점으로는 첫째, 모든 경제성장이 외부요인에 의해서만 야기된다는 가정 때문에 폐쇄경제하에서의 경제성장은 불가능하므로 수출산업의 영향을 과대평가할 수 있다는 점(Frechtling, 1987:348; 조현순, 1991:32), 둘째, 외부에서 주입된 민간 및 정부투자, 관광객 지출 등의 모든 수입이 지역경제에 동일한 승수효과를 미친다는 점 (Frechtling, 1987:349; 김사헌, 1997:337), 그리고 기반 부분 중 지역 내에서 획득할 수 없는 생산요소는 수입을 해야 함에도 불구하고 이에 대한 언급이 전혀 없다는 점(김규호, 1996:16)이 지적된다. 따라서 이 기법은 케인즈류 승수기법이나 산업연관류 승수기법에 비해 다소 열등하다고 하겠다(조현순, 1991:32; 조현순·손태환, 1992).

3) 산업연관분석류 관광승수

산업연관분석은 소득이 발생하는 배후의 생산구조에 주목하여 각 산업부문 간의 상호 의존관계라는 측면에서 최종 수요를 외생변수로 부여하고 그것이 국민경제 또는 지역경제에 미치는 영향을 분석하는 기법이다(강병주 외, 1992:53). 따라서 이 기법은 관광객의 소비지출과 같은 최종 수요의 변동이 소득(또는 고용)의 증가에 어느 정도의 파급효과를 끼치는지를 분석하는 강력한 도구로 쓰일 수 있다.

산업연관분석은 당초 국가경제를 분석하기 위하여 Leontief에 의해 시도되었지만, 1950년 이후로 지역의 경제활동이 국가경제의 중요한 요소로 대두됨에 따라 Isard(1953), Moses(1955), Miller(1957), Tiebout(1960) 등이 지역의 경제행위분석에 산업연관분석을 적용하기 시작하였다.

지역산업연관분석은 다음과 같은 가정에 의해 출발한다(West, 1993:491, Summary, 1987:533, Bendavid-Val, 1983:120, 강병주 외,

1992:53-4, 권기철 역, 1997:69). 첫째, 측정기간 동안 각 산업의 내부 및 외부판매의 비율은 동일하고, 둘째, 모든 산업은 각기 하나의 선형적이고 동질적인 생산함수를 가지며, 셋째, 한 산업은 하나의 품목만을 생산하고, 넷째, 성장에 따른 외부경제 및 외부불경제가 존재하지 않는다. 비록 이와 같은 가정은 역으로 지역산업연관분석의 한계로 나타나고 있지만, 이 분석방법은 그 이론적 토대가 완벽하고 각 산업의 파급효과를 상세히 파악할 수 있으므로 지역경제의 효과를 측정하는 매우 유용한 분석수단으로 사용되고 있다(U.S. Travel Data Center, 1978:89; Eadington & Redman, 1991:51).

산업연관분석에 필요한 상세한 자료는 각 경제부문 간의 거래내역, 각 부문의 수입, 생산요소의 지출, 고용수준, 다른 경제부문, 수출, 공공부문, 국내소비 등에 대한 판매 자료가 필요하다. 특히 관광에 대한 분석을 하려면, 이외에도 경제 각 부문에 유입된 관광지출 규모를 숙박시설 및 관광객 유형별로 구분하여 산출해야 한다(Archer, 1996:704).

한편 산업연관분석에서 주로 사용하는 승수는 산출승수(out-put multiplier), 소득승수(income multiplier), 고용승수(employment multiplier) 등이며, 이 밖에도 전방효과(forward linkage effect)를 나타내는 감응도 계수(index of the sensitivity dispersion)와 후방효과(backward linkage effect)로 지칭되는 영향력 계수(index of power dispersion) 등이 있다.

3. 관광승수의 한계

비록 승수기법이 독립지출의 증가가 해당 지역경제에 미치는 단기효과를 파악하는 데 유용한 분석수단임에는 틀림이 없지만, 기본가정상의 제약 때문에 실제보다 과대치를 보이는 경향이 있다. 몇 가지 공통적인 가정상의 제약을 살펴보면 다음과 같다.

첫째, 승수모형은 지역경제가 불완전고용상태(또는 유휴자원상태)에 있다는 가정상의 문제이다(김사헌, 1997:342). 흔히 승수모형으로 얻은 승수는 실제(실물경제)의 값보다 과다하게 나타나는데 이는 인플레이션이 승수의 크기를 감소시켰기 때문이다(Baumol & Blinder, 1985:188). 예를 들어, 어떤 지역경제가 완전고용상태에 가깝다고 하면, 비록 관광객이 쇄도하여 추가수요를 발생시킨다 하더라도, 원료나 노동력이 부족하기 때문에 생산증가가 불가능하다. 결국 수요초과에 따른 수요견인 인플레(demand-pull inflation)[19]가 발생하므로 명목소득의 증가가 바로 실질소득의 증가로 귀결되지는 않는 것이다.

둘째, 소비함수가 안정적이라는 가정의 문제이다(조순·정운찬, 1997:395). 즉, 승수를 산출하는 과정은 소득증가의 일정 부분이 항상 소비의 증가로 연결된다고 가정하고 있지만, 만약 소비함수가 불안정하여 한계소비성향(MPC)이 시간의 경과나 소득의 변화에 따라 달라진다면 승수의 값도 변할 수 있기 때문이다. 특히 관광지경제는 외지의 부유한 관광객에 의해 파생되는 전시효과(demonstration

---

19) 수요견인 인플레(demand-pull inflation)란 수요(소비, 투자, 정부지출)가 완전고용상태에 있는 경제의 공급능력을 초과할 경우, 그 초과수요는 부족한 재화나 용역의 공급가격을 상승시키고, 이는 다시 임금을 상승시키는 과정을 거쳐 인플레이션이 나타난다(Samuelson, 1973:826).

effect) 때문에 지역주민의 소비성향이 빠르게 증가할 수 있으므로 장기적인 예측방법으로는 부적합하다.

셋째, 승수모형은 사회적 기회비용(social opportunity cost)이 전혀 없는 것으로 가정하고 있다(김사헌, 1997:342). 대부분의 재화는 경제원칙에 따를 경우 가장 효율이 높은 용도에 사용되게 마련이다. 따라서 어떤 생산요소를 A라는 재화의 생산에 사용함으로써 B라는 재화를 생산할 기회를 상실했다면, A재를 생산하여 얻는 편익은 B재를 생산할 때의 편익(기회비용)보다 커야 한다. 그러나 승수모형은 이러한 사회적 기회비용을 무시하고 오로지 특정한 재화를 생산하여 얻은 편익만을 보여줄 뿐이다.

넷째, 소득세 부과에 의한 누출이 없다는 가정이다(Baumol & Blinder, 1985:202). 일반적으로 모든 재화와 용역의 거래에는 소득세가 부과된다. 그리고 그 소득세는 소득순환 과정 중에서 누출인자로 작용하기 때문에 승수모형에 의해 얻은 승수 값은 실물경제에서 측정한 승수보다 과대치를 보이게 된다.

이상에서 승수효과를 불확실하게 또는 효과 자체를 불투명하게 만드는 몇 가지 요인들을 살펴보았다. 그러나 승수효과의 이러한 한계에도 불구하고 각종 산업의 입지조건이 불리하여 비교적 노동, 원료, 자본설비 등의 생산요소가 불완전고용 상태에 있는 농산촌 관광경제에서는 승수기법이 상당한 힘을 발휘할 수 있을 것으로 사료된다.

제3절 관광승수에 대한 선행연구 검토

1. 관광승수 선행연구의 고찰과 검토

1930년대에 Kahn(1931)과 Keynes(1933)에 의해 체계화된 승수원리는 초기에는 주로 국가 차원의 경제분석 방법으로 사용되다가 1950년대에 이르러 지역 차원의 연구로 발전되었다. 특히 관광부문에서는 Clawson과 Knetsch(1966)가 지역 차원의 관광승수를 최초로 소개한 이래로 Gamble(1965), Archer(1973), Millerd and Fisher(1979) 등을 비롯한 수많은 학자들에 의해 지역 관광승수에 대한 활발한 연구가 수행되었다.

우리나라의 경우 관광승수에 대한 최초의 연구시점을 1961년(미국 상무성과 태평양지역 관광협회가 작성한 Checchi 보고서)으로 볼 수 있으나, 그 보고서는 서면을 통한 간접조사에 의한 추정방식으로 국외에서 작성된 케인즈류 관광승수로서 신뢰도에 문제가 있었다. 이후 국내에서 시도된 첫 번째 연구로서 박소이와 이우태(1974)의 연구결과를 들 수 있으나 이들 승수는 모두 전국 차원의 관광승수였다. 따라서 이 시기는 지역 관광승수에 대한 개념조차 정립이 안 된 시기라고 볼 수 있다.[20]

---

20) 미국의 상무성과 태평양지역관광협회(PATA)가 공동 조사하여 1961년에 발표한 Checchi 보고서는 케인즈의 단순승수(식 1)를 사용하였다. 그러나 이 모형은 한계수입성향이나 조세성향 같은 누출인자를 전혀 고려하지 않았으므로 승수가 과대 추정되었을 개연성이 매우 크다(김사헌, 1982:43).

$$k = \frac{1}{1-c} \qquad \text{여기서 } c \text{ 는 한계소비성향} \tag{1}$$

그러나 1980년대 들어서자 폭발적인 국민관광수요 증가추세에 부응하여 전국 각지에 관광지가 개발되기 시작하였고, 따라서 관광의 지역경제적 효과 분석에 관한 관심도 고조되기 시작하였다. 그러한 사회분위기에 맞추어 김사헌(1982)은 "관광개발과 지역경제편익 분석: 관광승수개념의 적용을 통하여"라는 논문을 발표하면서 관광승수에 대한 개념정립을 최초로 시도하였다. 또한 그는 지역 관광승수의 종류와 적용상 한계점을 지적하면서 승수효과를 높이기 위해서는 누출요인을 차단해야 한다고 주장하였다.

이러한 관광승수에 대한 개념정립이 이루어지자마자 곧이어 관광산업의 경제적 효과에 관한 실증연구가 본격적으로 시작되었다. 즉 Song and Ahn(1983)의 "한국 관광의 경제적 효과"를 필두로 권경상(1984), 최승이(1986) 등의 연구가 계속되었다. 이들의 연구는 모두 산업연관분석류의 연구로서 전국을 대상으로 수행되었다는 점이 공통점이다.

이후 1990년대 들어서도 산업연관분석류의 연구는 계속되었지만 대부분의 연구가 전국을 대상으로 하였다(정의선, 1990; 김철원, 1991; 조현순, 1991; Hyun, 1992; 조현순·손태환, 1992; 교통개발연구원, 1992, 1993; 한국관광공사, 1993; 권경상, 1994; Lee and Kwon, 1995; 이충기·박창규, 1996). 한편 지역 차원에서 수행된 산업연관분석류의 연구는 단지 극소수에 불과하며, 그나마 대부분

박소이와 이우태는 1961년부터 1971년까지 연평균 승수를 아래의 모형(식 2)으로 계산하였으나, 한계수입성향(m)을 제외하고는 한계소비성향(c)과 한계조세성향(mpt)에 대한 자료를 관광산업이 아닌 일반 산업의 승수를 적용하는 오류를 범하였다(김사헌, 1982:45).

$$k = \frac{1}{n} \sum_{i=1}^{n} \left(\frac{1}{1 - c_i + m_i + mpt_i} \right) \qquad (2)$$

제주도(김태보, 1990, 정준무, 1994, 이강욱, 1997)와 강원도(정석
중·강주훈, 1998) 등의 광역자치단체를 대상으로 하였다. 단지 김
규호(1996)와 이강욱(1997)의 연구만이 기초자치단체인 경주시를
대상으로 연구를 수행하였을 뿐이었다.

이렇듯 소규모 지역에 대한 연구가 희귀한 현상은 일반 산업 분
야도 마찬가지로 그 연구지역이 기초자치단체보다는 광역자치단체
나 전국으로 편중되어 있었다. 즉 1980년대 이래로 관광산업을 제
외한 일반 경제 부분에서 지역산업연관분석모형으로 수행된 26편의
연구결과를 수집하여 그 사례지역을 검토한 결과, 대부분의 연구에
서 사례지역은 광역자치단체 이상이었으며 김학은(1986), 전장수
(1988), 이종철(1991) 등 3편의 연구만이 군 이하의 소규모 지역을
대상으로 연구했을 뿐이다.

이렇게 산업연관분석류의 사례지역이 광역자체단체 이상으로 집
중되는 이유는 지역산업연관분석 모형이 갖는 자체의 한계점 때문
으로 보인다. 즉, 산업연관분석 모형이 원래 국가경제의 진단을 목
적으로 개발된 것이고, 또한 한국은행에서 발표하는 전국산업연관
표를 적절히 변형만 하면 관광산업이 국가경제에 미치는 파급효과
를 상세히 진단할 수 있었기 때문인 것으로 보인다.

결국 산업연관분석의 전제가 되는 우리나라의 산업연관표는 전국
단위로만 작성·발표되므로 이를 지역 단위의 산업연관표로 전환시
키는 과정에 발생되는 각종 문제 때문에 지역산업연관분석이 현실
적으로 어려운 것이다. 즉 지역산업연관분석 모형이 지역의 각 산
업부문 간 다양한 파급효과를 파악하여 지역 경제구조를 종합적으
로 진단할 수 있다는 장점을 가지고 있지만, 정확한 파급효과를 측
정하기 위해서는 정확한 지역투입계수의 산출이 선행되어야 하는

것이다.

여기서 정확한 지역투입계수를 얻고자 할 경우 직접조사를 실시해야 한다. 그러나 직접조사에는 자료획득 비용과 조사시간이 지나치게 큰 부담이 되므로, 입지상법이나 수요-공급혼합법 등의 비조사법에 의한 추정을 하고 있다. 그러나 이들 간접방법에 의해 추정된 지역투입계수의 객관적인 신뢰도는 극히 낮다. 따라서 그 대안으로 양비례조정법과 같은 부분조사법을 채택하기도 하는데 그 역시 분석에 필요한 지역산출액, 지역중간투입액, 중간수요액 등의 직접 조사 자료를 지역에서 공급받을 수 없으므로 간접 추계된 자료를 사용해야 하는 문제점을 안고 있다(〈표 1〉 참조).

다시 말하자면 초기에 Isard(1953)와 Miller(1957) 등이 전국기술계수를 이용하여 지역투입계수를 추정했던 비조사법은 이후 Shen(1960)의 지역가중치조정법, Schaffer와 Chu(1969), Hulu와 Hewings(1993)의 입지상법, Schaffer (1969)의 수요-공급혼합법, Stevens(1983)의 지역구입계수법, 양비례조정법 등의 모형으로 발전해 왔다. 그러나 이들 분석기법들은 다량의 정확한 통계자료가 전제되며, 통계자료의 구축이 안 된 소규모 지역에서 적용할 경우 각종 어려운 문제에 봉착하게 된다(Bendavid-Val, 1983:120; Milne, 1987:500). 따라서 이러한 지역에서는 분석결과의 신뢰성에 문제가 발생하므로(고영구, 1996:31), 지역산업연관분석모형은 소규모 지역의 분석기법으로는 부적합한 것으로 판단된다(Kottke, 1988:123; Milne, 1987:500).

〈표 1〉 지역산업연관분석 유형별 비교

	분석기법	자료획득 비용	결과의 정확성
직접조사	투입구조조사	많이 듬	높은 편
	배분구조조사	많이 듬	높은 편
	투입·배분구조조사	매우 많이 듬	가장 높은 편
비조사 (추계)	가중치조정법	적게 듬	낮은 편
	입지상	적게 듬	낮은 편
	수요-공급균형법	적게 드나 최종 수요 자료 필요	낮은 편
	지역구매계수법	비조사기법 중 많음	낮은 편
	단순양비례조정법	비조사기법 중 많음	상대적으로 우수

자료: 고종환·김현룡(1996), 「부산지역 산업연관분석」, 부산발전연구원. p.9.

한편 김두철(1991)과 이미혜(1993)는 소규모 지역을 사례대상지로 선정하여 케인즈류 관광승수를 도출하였다. 그들은 백암 온천지역과 속초시를 대상으로 연간 관광객 총지출액과 관광승수를 도출함으로써 관광산업의 지역경제적 효과를 분석하였으며, 또한 그들 모두 관광소득의 누출과정과 지역소득효과를 분석하였다. 특히 김두철이 직접소득효과만을 측정한 데 비하여 이미혜는 간접소득효과까지 도출하였다.

마지막으로 경제기반이론류의 승수분석은 도시의 경제적 발전을 평가하기 위해 개발된 기법이며(김기흥, 1995:89), 관광산업에 적용한 국내사례는 제주지역 관광호텔업의 지역경제효과를 이미혜(1993a)의 연구에 불과하다. 따라서 농촌이나 산악지역에 위치한 군 단위의 소규모 지역에서 관광산업의 지역경제적 효과를 측정하기 위한 기법으로 경제기반이론류의 승수분석은 적합지 않은 것으로 보인다.

지금까지 고찰한 산업연관분석류 승수와 케인즈류 승수 그리고

경제기반이론류 승수 등 제 모형의 특성을 간단히 비교하면 〈표 2〉
와 같다.

〈표 2〉 승수분석 모형의 상대적 특성 비교

구 분	케인즈류	경제기반이론류	산업연관분석류
통계자료 요구	보통	적음	많음
계산절차	단순	단순	복잡
분석시간 및 비용	적음	적음	많음
적합지역	소규모 지역	도시 지역	대규모 지역
신 뢰 도	보통	낮음	높음

자료: 이상의 논의를 바탕으로 논자가 작성하였음.

〈표 2〉에서 산업연관분석류 관광승수는 비록 신뢰도가 높다고는
하지만 이는 객관적이고 신빙성 있는 방대한 통계자료가 제공될 때
그 신뢰도를 보장받을 수 있으므로 비교적 자료수집이 용이한 전국
차원 혹은 광역자치단체 차원에서 주로 연구가 진행될 수밖에 없
다. 역으로 말하자면 Archer(1973)가 국가단위의 관광승수를 지역
의 지표로 삼기는 어렵다고 지적했듯이, 우리나라와 같이 기초자치
단체 등의 소규모 지역에 대한 다양하고 정밀한 통계자료의 작성이
미비한 곳에서 전국 투입계수를 이용해 지역 투입계수를 구하기 위
해 무리한 추계를 할 경우 자칫 그 결과의 신뢰성에 심각한 의문이
제기될 수도 있다. 더욱이 연구에 소요되는 방대한 통계자료의 구
득노력과 처리시간을 감안할 때 시간과 비용이 불충분한 개별 연구
자나 지방자치단체에서는 쉽게 접근할 수 없는 모형으로 판단된다.
반면에 케인즈류 관광승수분석은 전국을 대상으로 연구를 수행할
경우 산업연관분석류의 관광승수에 비해 그 정확도나 유용성이 크

게 떨어질 수 있다. 왜냐하면 케인즈류 관광승수는 통계자료의 구축이 미비한 소규모 지역의 경제적 효과를 분석하는 모형(Davis, 1990:29)으로서 모형이 단순한 만큼 제공하는 정보도 한계가 있고(김사헌, 1997:332), 전국적으로 발생하는 다양한 경제현상을 제대로 설명할 수 없기 때문이다.

결과적으로 지역 통계자료 구축이 미비한 우리나라의 현실을 감안할 때, 농산촌에 소재한 기초자치단체(市‧郡)와 같은 소규모 지역에서 관광산업의 경제적 효과를 파악하기 위한 현실적 분석모형은 케인즈류 관광승수모형으로 판단되었다.

2. 케인즈류 관광승수의 적용사례

케인즈류 관광승수는 Archer가 지역 관광효과를 측정할 목적으로 현지 관광지의 형편을 고려하여 임시적으로 구성해서 사용하였기 때문에 일명 *ad hoc* 승수라고도 불린다. Archer가 사용한 케인즈류 지역 관광승수는 기본적으로 Clawson이 제시한 승수모형을 따랐으며, 다만 조사대상 지역의 실정에 적합하도록 임시로 구성하여 사용했을 뿐이다.

그러므로 케인스류 지역 관광승수를 사용할 때 반드시 고려되어야 할 사항은 지역마다 서로 다른 독특한 관광환경을 최대한 반영할 수 있도록 모형을 적절히 변형시키는 작업이다. 본 절에서는 Archer의 *ad hoc* 모형과 그 모형이 적용된 영국의 Anglesey 지역의 연구결과를 살펴보고 이를 국내에서 변형하여 적용한 두 연구논문의 문제점을 지적함으로써 우리나라 실정에 맞는 기본적인 케인즈류 지역 관광승수(*ad hoc*) 모형을 제시하기로 한다.[21]

1) Archer의 *ad hoc* 승수 모형

케인즈가 제안한 승수개념은 어느 지역(또는 국가)에 독립투자가 주입되면 그 지역의 소득이 증가하는데 그 소득증가분의 크기를 결정짓는 요소는 바로 그 지역이 나타내는 한계소비성향이라는 것이다. Clawson은 이러한 케인즈의 승수개념을 관광지에 도입시켜 관광객의 역내 소비지출액에서 1차 누출 후 현지에 남는 금액을 관광목적지에 주입되는 독립투자로 간주하고, 여기에 역외 누출과 지역민의 소비성향, 그리고 소득성향으로 구성된 지역만의 관광승수를 곱함으로써 지역의 관광소득효과를 측정하고자 하였다.

그러나 이러한 Clawson의 승수모형은 지역 관광산업의 평균적인 효과만을 파악할 수 있을 뿐 숙박업이나 음식업 등과 같은 각 구성요소의 지역경제적 효과를 제대로 설명할 수 없었다. 따라서 Archer는 관광업체별로 영업수입의 누출률이 상이하다는 점에 착안하여 관광객의 숙박형태와 관광상품별로 총지출액과 소득승수를 구하는 모형(각 승수모형은 앞 절을 참조)을 구성하였다.

Archer는 영국의 웨일즈 북서쪽에 위치한 Anglesey 지방을 사례지역으로 선정하여 관광소득승수를 구하였다. Anglesey 지방은 영국 본토와 분리된 섬으로 면적은 우리나라 거제도와 비슷하다. 연륙교와 철도편으로 본토와 연결되어 있으므로 Anglesey 지방을 찾는 관광객들은 승용차(90%)와 기차, 요트 등의 교통수단으로 그

---

21) 승수는 분모항에 따라서 아래와 같이 비율승수(정통승수)와 일반승수(비정통승수)로 나누어지며, *ad hoc* 모형은 일반(비정통)승수에 속한다.

$$비율(정통)승수 = \frac{직접소득효과 + 간접 \cdot 유발효과}{직접소득효과}$$

$$일반(비정통)승수 = \frac{직접소득효과 + 간접 \cdot 유발효과}{관광객의\ 최초지출}$$

지역을 방문하였다. Anglesey 방문객의 41.9%는 유료숙박시설을 이용하였고, 35.5%는 이동주택인 카라반을 이용하였다. 이 밖에 당일 관광객은 11.5%였으며, 5.2%는 야영을 한 관광객이었다.

〈표 3〉 영국 Anglesey 지방 관광객의 1인당 지출액과 관광소득승수

구 분	전 체	주요 숙박형태			
		호텔	게스트하우스	민박	카라반
1인당 평균 지출(£)	-	29.35	16.78	15.35	7.12~12.24
관광소득승수	0.25	0.25	0.25	0.58	0.14

자료: Archer(1973), *The Impact of Domestic Tourism*, p.35, p.50.

Archer의 사례연구에서 나타난 주요 분석결과는 〈표 3〉과 같으며, 지역이 얻은 연간 관광객 총 산출액은 9~11백만 파운드였다. 관광객 1인당 평균 지출액은 호텔투숙자가 29.35파운드로 가장 많았으며, 당일 관광객은 0.81파운드로 호텔투숙자가 지출한 비용의 2.8%에 불과한 비용만을 지출하였을 뿐이다.

2) 김두철의 *ad hoc* 승수 모형

김두철은 1990년에 경상북도 울진군 온정면에 위치한 백암온천을 사례대상지로 Archer의 *ad hoc* 승수모형을 변형하여 연간 관광객 총지출액과 관광소득승수를 구하였다. 그가 분석에 사용하기 위하여 조사한 설문대상은 관광객, 관광숙박업체, 민박업체, 관광관련업체, 노점상, 지역주민 등이었으며, 이들을 상대로 비용의 용도와 지출처를 설문조사함으로써 관광객의 비용 지출이 지역경제에서 어떻게 순환되는가를 규명하고자 하였다. 김두철(1991)이 연간 관광

객 총지출액을 산출하기 위하여 사용한 모형은 다음과 같다.

$$\sum_{j=1}^{m} N_j \left(\frac{H_1}{H_2} \right) D_j \left(\frac{E_j}{S_j} \right) + F_j$$

여기서 j : 숙박형태

         N : 조사기간 중 1일 평균 관광객 수

         H_1 : 시즌 중 평균 객실점유율

         H_2 : 조사기간 중 객실점유율

         D : 시즌의 영업 일수

         E : 관광객 1인당 평균 지출액

         S : 평균 체재 일수

         F : 관광객 교통비 지출총액

위 모형은 Archer의 모형과 기본적으로 동일한 개념에서 구성되었다. 단지 차이점이 있다면 객실점유율(occupancy rate) 부분과 관광객 교통비 부분이다.

흔히 서양에서는 2인용 객실과 1인용 객실을 구비하고 있으므로, 해당 숙박시설의 1일 객실점유율에 관한 기록만 구한다면 실제 투숙인원을 손쉽게 파악할 수 있다. 성수기일 경우에는 보조 침대를 추가하여 객실당 최대 3인까지 수용하므로 이 부분만 보정한다면 숙박시설의 투숙객 수는 상당히 정확하게 산출할 수 있다. 그러나 우리나라의 객실은 침대를 구비한 서양식 객실 이외에 온돌형 객실을 구비한 관계로 침대형 객실보다 훨씬 많은 사람을 투숙시킬 수 있다. 따라서 단순한 객실판매율을 근거로 총투숙객 수를 산정할 경우 심각한 문제가 발생할 수 있다. 즉 과소 추정의 문제를 해결하기 위해 김두철은 객실점유율을 '판매객실 수/총객실 수' 개념이 아니라 '숙박자 수/최대 수용인원'의 개념으로 적용하였던 것이다.

비록 김두철이 이와 같은 노력을 기울였음에도 불구하고 그의 계산식을 보면 다소의 문제점이 발견된다. 하지만 연간 총관광객 수입을 구하는 기본식이 '1일 평균 관광객 수×연간 영업 일수×관광객 1인당 1일 지출액'임을 상기할 때, 아래 Archer의 모형은 그 구성내용이 타당해 보인다.

$$(N \times H) \times D \times (E/S)$$

여기서   N: 관광숙박시설의 1일 수용가능인원

H: 영업기간 중 평균 객실점유율

D: 연간 영업 일수

E: 관광객 1인당 평균 지출액

S: 관광객 평균 체재 일수임.

그러나 김두철의 모형을 보면, 그는 필요 없는 자료수집과 계산과정을 거치고 있음을 알 수 있었다. 즉 그가 '1일 평균 관광객 수 $(N \times H)$'를 구하기 위해 사용한 식$(N_j \times H_1/H_2)$에는 이미 1일 평균 관광객 수(N_j)가 있음에도 불구하고, 여기에 시즌 중 평균 객실점유율(H_1)과 조사기간 중 객실점유율(H_2))을 불필요하게 구하여 다시 계산하는 과정을 거쳤기 때문이다.[22] 이와 같은 계산상의 복잡성은 그

---

22) 그가 정의한 각 구성항목의 특성(p.46)에 따라 이를 확인해 보기로 하자. 예를 들어 시즌 중 평균 객실점유율(H_1)을 구하기 위해 사용한 자료 중에서 숙박자 수가 400명이고 최대 수용가능인원이 500명이라면 H_1은 80%이

74

의 논문(p.76)에 나타난 바와 같이 Archer 연구의 'N×H' 부분에서 숙박시설의 1일 수용가능인원을 뜻하는 'N' 항목을 '조사기간 중 1일 평균 관광객 수'로 오인했기 때문에 발생된 것으로 보인다.

한편 그가 사용한 관광소득승수 모형은 비교적 타당하였으나 두 가지 부족한 점이 있었다. 첫째는 숙박시설 외에 일반 관광관련 업체에 지출하는 모든 비용을 숙박업체에 지출하는 비용으로 간주한 가정상의 문제점이며, 둘째는 그렇게 관광객의 비용을 통합한 결과 관광객의 지출유형별(숙박시설별 및 기타 관광상품별)로 관광소득 승수를 보여주지 못했다는 점이다.

3) 이미혜의 *ad hoc* 승수 모형

이미혜는 1992년에 강원도 속초시를 대상으로 좀더 발전된 *ad hoc* 모형을 구성함으로써 김두철의 선행연구를 보완하고자 하였다. 즉 그는 변화-할당분석과 입지상 분석을 행함으로써 속초시 지역 경제성장을 이끌어 온 원동력을 규명하고, 이어서 관광관련 산업의 수출기반성을 입증한 다음 관광소득승수를 구하는 일련의 체계적인 접근법을 시도하였다.

그러나 그의 실증연구는 몇 가지 문제점을 지니고 있다. 우선 관광객 비용 지출구조를 밝히기 위한 설문조사의 표본할당 방법에 문제가 있었다. 그의 연구목적이 속초시 지역경제에 미치는 관광의 영향을 측정하는 것이므로, 가장 중요한 점은 속초시 관광객만이 갖는 여행행태를 충분하게 고려해야 했다는 점이다. 그러나 아쉽게

다. 그리고 조사기간 중 평균 객실점유율(H_2)을 구하기 위한 자료에서 하루 숙박자 수(N)가 300명이라면(최대 수용가능인원은 500명으로 동일함) H_2는 60%이다. 따라서 1일 평균 숙박자 수는 (300×80%/60% =) 400명이 되는데 이 값은 H_1을 구할 때 이미 수집한 값인 것이다.

도 1991년도의 '전 국민 여행동태조사결과'에 나타난 전국 숙박관광객의 평균값에 의거해 표본을 할당함으로써 속초시 관광객만의 특성을 반영치 못하였다.[23]

한편 그가 속초시의 연간 관광객 총 지출액을 추정하기 위해 사용한 모형과 문제점은 다음과 같다(이미혜, 1993:100).

$$\sum_{j=1}^{m} (N_j / S_j) \, H_j \, D_j \, E_j$$

여기서 j: 숙박형태별

N_j: 숙박형태별 관광객 1인당 평균지출액

H_j : 숙박형태별 영업기간 중 1일 평균객실률

D_j : 숙박형태별 평균영업 일수

E_j : 숙박형태별 영업기간 중 1일 평균관광객 수

S_j : 숙박형태별 관광객 평균체재 일수

위 식에서 각 구성항목을 '연간 관광객 총지출액＝1일 평균 관광객 수×연간 영업 일수×관광객 1인당 1일 지출액'의 개념으로 바꾸면, 아래의 식과 같이 생각할 수 있다.

$$E_j \times D_j \times (N_j / S_j)$$

---

23) 따라서 속초시를 찾은 모든 관광객을 숙박관광객으로 취급하였으므로 당일 관광객을 무시하였다. 또한 전국 평균분포비율에 맞추고자 숙박시설의 표본 수를 조정함으로써(이미혜, 1993:62 참조) 결과적으로 속초시 관광객의 연간 지출총액이 왜곡되었다.

따라서 이미혜의 모형에서 관광객의 방문기간 동안 발생하는 평균 지출(N_j)을 체재 일수(S_j)로 나눈 관광객 1인당 1일 지출액에 연간 영업 일수(D_j)를 곱하고 여기에 다시 1일 평균 관광객 수(E_j)를 곱하면 바로 연간 관광객 총지출액을 추정할 수 있었음에도 불구하고, 1일 평균 숙박객 수를 1일 수용가능인원으로 나눈 1일 평균 객실률($H \leq 1$)을 곱함으로써 결과적으로 연간 관광객 총지출액의 추정 값이 과소 추정되는 오류가 발생하였다.[24]

한편 그가 사용한 아래와 같은 직접(관광숙박업의 소득승수) 및 간접(관광숙박업과 거래하는 원재료 공급업체의 소득승수) 관광소득승수 모형 역시 두 가지 문제점이 발견되었다.

① 직접 관광소득승수 $= \sum_{j=1}^{n} Q_j \cdot V_j \left(\dfrac{1}{1 - L \cdot X \cdot P} \right)$

② 간접 관광소득승수 $= \sum_{j=1}^{n} \sum_{i=1}^{n} Q_j \cdot V_i \left(\dfrac{1}{1 - L \cdot X \cdot P} \right)$

여기서　i : 숙박형태별

　　　　j : 지출부문별

　　　　Q : 관광객 속초시 지출률

　　　　V : 지출부문별 속초시 지출률(소득성향)

　　　　L : 속초지역민 평균 소비성향

---

24) 속초시청이 집계한 1991년도 속초시의 총 관광수입은 26,060,594천 원이었다(이미혜, 1993 : 69). 그러나 1993년도 설악산권 관광객의 내방객 수는 1991년도에 비해 23.2% 증가(한범수 외, 1996 : 94)하였음에도 불구하고, '숙박형태별 영업기간 중 1일 평균 객실률(H_j)'에 해당하는 부분(41.0～66.8%)이 잘못 곱해졌기 때문에 1993년도 속초시 연간 관광객 총 지출액이 11,086,214천 원(이미혜, 1993 : 109)으로 과소 추정되었다.

X : 속초지역민의 총지출액 중 속초시 지출률

P : 속초시 소매업소의 평균 지출률

첫째는 위 모형식에서 관광객 속초시 지출률(Q)을 적용한 부분이다. 위 식에서는 관광객이 여행 중 지출한 총비용 중에서 속초시 밖에서 지출한 금액을 차감한 비율, 즉 속초시 지출률을 모든 승수모형에 적용하였으나 이러한 '속초시 지출률'은 속초시 관광승수와는 아무런 상관관계가 없으며 단지 속초시 관광승수의 값만 축소시키는 역할을 할 뿐이었다. 왜냐하면 승수(multiplier)란 어느 지역경제에 끼친 최초의 변화가 결과적으로 그 지역경제에 가져온 배수만큼의 변화를 뜻하므로, 속초시의 관광소득승수는 속초시에 주입된 관광 지출이 가져온 지역소득의 증가분을 의미하는 것이다. 따라서 관광객이 자신의 거주지나 외지에서 사용한 비용을 속초시 관광승수를 계산하는 과정에 반영시킬 필요가 전혀 없는 것이다.

그러므로 속초시 외부에서 발생한 관광객의 비용 지출을 계산에 반영할 것이 아니라 관광객이 속초시 내부에서 지출하는 비용(관광수입)의 역외로의 누출을 차감한 관광소득성향을 반영하여야 한다.[25] 이 부분은 이미 모형식에서 '속초시 지출률(V)'로 반영되어 있으므로 결과적으로 위 식으로 계산한 관광승수는 과소치를 보일 것이다.

두 번째로 역시 승수의 개념과 관련된 부분으로서 속초시 관광소

---

25) 여기서 말하는 관광소득성향은 단위 지역의 관광수입에서 역외로의 누출을 차감한 금액을 관광수입으로 나눈 값으로 국가적 차원의 '외화가득률'과 동일한 개념이다.

즉, 관광소득성향 $= \dfrac{\text{관광수입} - \text{역외누출}}{\text{관광수입}}$

득승수를 직접승수와 1차, 2차 간접승수로 별도 계산하여 합산한 문제점을 지적할 수 있다. 본래 승수는 관광객이 역내에서 지출한 비용(주입)이 '1차 수혜자 → 누출+2차 수혜자 → 누출+3차 수혜자 → 누출+4차 수혜자 → ∞'의 과정을 거치며 완전히 소멸될 때까지의 전 과정에서 발생한 수혜자들의 수혜금액의 총계를 최초 주입 금액으로 나눈 값이 승수인 것이다.

비록 그는 속초시 관광소득승수를 직접, 간접(1차 및 2차)승수로 나누어 계산함으로써 최초 관광수입의 회전단계별 승수를 확인하고자 하였으나 직접 관광승수에 이미 1차, 2차 간접승수 부분이 반영되어 있으므로 이들 값을 합산해서는 안 된다. 만약 합산할 경우 그만큼 과대치를 보일 수 있다. 이 밖에도 속초시 관광객의 6.0%를 차지하는 당일 관광객(한범수 외, 1996:84)을 모두 숙박관광객으로 간주했으므로 지역의 관광소득승수가 실제보다 다소 과대치로 계산되었을 가능성이 크다.

이상의 논의에 근거해, 이미혜가 사용한 자료를 바탕으로 속초시 관광숙박업소의 관광소득승수를 다시 계산해 보면 〈표 4〉과 같다.

〈표 4〉에서 제시한 관광업체별 관광소득승수를 보면, 외부로의 누출이 가장 적은 여관업의 관광소득승수가 가장 높게 나타났다.[26]

---

26) 이미혜(1993)는 속초시 여관의 관광소득승수효과는 투자자본, 시설규모, 부대시설 등 판매의 다양화가 이루어지지 않는 까닭에 낮으며(p.107), 특히 콘도에 비해 호텔이나 여관의 지역 외 누출성향이 높았기 때문이라고 (p.110) 설명하였으나, 실제로 그녀가 조사한 속초시 업체별 누출성향 (p.97)을 보면 여관의 누출성향이 가장 낮았으며 반대로 콘도의 누출성향이 높았으므로 그녀가 도출한 관광승수 값은 잘못되었음을 알 수 있었다. 뿐만 아니라 콘도와 호텔의 경우[속초시 전체 연간 관광객 총 산출액의 98.2%를 점유함] 소유주가 모두 외지인이므로 영업수익의 일부가 외지로 송금(과실송금)되었을 것으로 추정되나 이와 같은 누출요소를 계산식에 전혀 반영하지 않았으므로, 그녀가 구한 승수는 과대 추정되었을 것으로 보인다. 또한 실제 승수모형에 대입한 속초시 소매업소의 속초시 지출률

비록 위의 표에서는 각 업종별로 관광소득승수를 도출하였으나 앞
서 설명한 바와 같이 이미혜는 속초시를 방문한 관광객의 최초지출
을 관광숙박업에서부터 시작하는 것으로 가정하였으므로, **속초시 전
체의 관광소득승수는 0.93으로 보아야 할 것이다.**

〈표 4〉 관광숙박시설별 속초시 관광소득승수

구 분	누출률	V*	L	X	P	관광소득승수
호 텔	0.154	0.846				0.93
콘 도	0.217	0.783				0.71
여 관	0.124	0.876				0.96
전체 숙박업	0.156	0.844	0.560	0.886	0.179	**0.93**
1차 원재료업체	0.568	0.432				0.47
2차 원재료업체	0.715	0.285				0.31
소 매 업 소	0.285	0.715				0.78

주: *관광숙박업의 속초시 평균지출률은 역외 누출률을 차감한 값으로 대체
　　하였음.
자료: 이미혜(1993), 전게논문, p.97, 111의 자료를 이용하여 논자가 계산하였음.

(P=0.179)은 지역의 소득성향(단양군은 0.36이었음)으로 대입하는 것이
옳다. 결과적으로 승수 값은 과소 추정되었을 것으로 보인다. 따라서 본고
에서는 이러한 과소 추정과 과대 추정은 서로 상쇄된다고 가정하고, 속초
시 전체의 관광소득승수를 다시 계산한 결과 0.93임이 밝혀졌다.

제3장 사례지역의 개황

앞에서 살펴본 바와 같이 복잡하고 다양한 산업군의 상호 연관관계 규명을 목적으로 고안된 산업연관분석 모형은 신뢰성 있는 통계자료가 구축된 전국 또는 광역자치단체에 적용될 때 그 가치를 충분히 인정받을 수 있을 것으로 판단되었다. 즉 경제구조가 매우 단순하고 물리적 크기가 작은 군 단위의 기초자치단체에서는 각종 통계자료가 미비한 까닭에 거듭된 가정과 추계로 도출하는 산업연관분석 기법에 의한 산업 간 투입계수의 신뢰성은 상대적으로 떨어질 것이다.[27]

각종 산업의 입지로서는 매우 불리한 대부분의 소규모 지역은 비교우위가 확보된 일부 선도산업 중심의 단순한 산업구조를 보이고 있으므로, 지역 선도산업을 중심으로 한 연구가 오히려 가치가 있을 것이다. 또한 분석결과의 유용성 이외에도, 관광의 지역경제적 효과 분석을 위해 요구되는 자료의 양과 분석기술, 소요시간과 비용 등을 고려할 때 市·郡 단위의 소규모 지역에서는 케인즈 승수류의 분석기법이 적당할 것으로 판단되었다.

따라서 본 연구는 관광의 지역경제적 파급효과를 분석하는 모형으로 케인즈 승수류의 분석기법을 채택하고 그 사례지역으로 내륙 산악지역인 충청북도 단양군을 선정하였다.

단양군을 조사대상지로 선정한 이유는 다음과 같다. 첫째, 충주호

---

27) 산업연관분석으로 시·군 단위에서 수행된 선행연구는 김규호(1996)와 이강욱(1997)의 연구가 있다. 이들의 연구는 인구 28만여 명의 비교적 큰 도시인 경북 경주시에서 수행된 관계로 그 분석과정과 결과를 단양군처럼 인구 4~5만 명의 소규모 지역에 그대로 적용하기에는 무리가 따른다.

반과 수려한 자연경승 등 풍부한 관광자원을 보유한 지역으로 관광 잠재력이 매우 높은 곳이고, 둘째, 내륙 산악지역이라는 지형적 특성 때문에 지역경제발전을 위한 현실적인 대안으로 관광산업을 채택한 곳이며, 셋째, 내륙 산악관광지에 소재한 관광산업의 지역경제효과에 관한 기존의 선행연구가 전무하여 향후 관광개발정책 수립의 정책적 의의가 크다고 판단되는 지역이기 때문이었다.

제1절 지역환경 분석

1. 자연 및 인문환경

충청북도의 동북방면에 자리 잡은 단양군은 우리나라의 중부지방과 남부지방, 그리고 영남지방과 호남지방의 경계를 이루는 소백산맥의 북사면에 위치한 지역이다. 신단양을 중심으로 북쪽으로는 치악산(1,288m), 동쪽의 소백산(1,440m), 남쪽의 두솔봉(1,314m), 서남쪽의 월악산(1,097), 서쪽의 금수산(1,016m) 등 해발고도가 높고 급경사인 산악지대의 중심부에 위치해 있으므로, 대부분의 거주지역이 해발 140~540m에 이르는 전형적인 산악지역이고, 그 한가운데를 남한강이 관통하고 있다.

오늘날의 단양군은 삼국시대에 고구려와 신라가 각축을 벌였던 전선지역으로서 1914년 부군면이 통폐합되면서 이웃한 영춘을 흡수하여 지금의 규모를 갖추었고, 남쪽으로는 경상북도와 북쪽으로는 강원도에 접해 있다. 행정구역상으로 단양읍과 매포읍 등 2개 읍과 단성면, 대강면, 가곡면, 영춘면, 어상천면, 적성면 등 6개 면으로 구성되었으며, 면적은 총면적 781.31km²에 동서간 거리가 38.4km, 남북간 거리는 39.7km에 달한다.

단양읍을 기점으로 주요 도시 간 거리는 서울 203km, 충주 73km, 대구 303km이며, 육로(5번 국도, 36번 국도)를 통해 자동차로 단양에 도착하려면 서울에서 140분, 충주는 80분, 대구 200분 정도가 소요된다. 그러나 2002년도에 중앙고속국도가 개통된 후 그 시간은 크게 단축되었다. 이 밖에 단양에 접근하기 위한 교통로는 육로 외에도 철도(중앙선)와 수운(충주호 유람선) 등이 있다. 특히 충주호가 봄철의 갈수기(수위 110m 정도)에 접어들면 하상이 드러나 유람선의 운행이 제한되지만 홍수기(수위 138-141m)에는 유람선의 활발한 운행과 더불어 수려한 경관이 연출된다.

기후는 전형적인 대륙성 기후의 특징을 보이며, 강수량은 지난 10년간 연평균 1,162mm로 하계다우 현상을 나타내며, 연평균 기온은 10.3℃로 전국 평균인 12.6℃보다 다소 낮다. 충주호에 인접하거나 남한강변에 위치한 지역은 안개 낀 날이 많다. 삼림의 식생은 대부분 소나무로 구성되었고 이 밖에 참나무류도 많이 분포한다.

최근 10년간(1986~1996)의 인구변화를 보면, 전국의 인구는 연간 1.1% 증가한 반면 충북의 인구는 오히려 3.8% 감소하였다. 이러한 변화의 원인은 도시화의 확산 때문에 상대석으로 읍·면 단위의 농촌인구가 감소한 때문으로 보인다. 이를 확인하기 위해 전국 읍·면부의 인구를 기준으로 보면 지난 10년간 전국 읍·면 단위의 인구 역시 3.9% 감소하였다. 즉 단양군과 마찬가지로 전국의 모든 읍·면부에서도 인구감소가 심각한 지역문제로 대두되고 있음을 알 수 있다.

84

〈표 5〉 단양군 인구 변화추이(1986-1996)

연 도	전 국		단양군
	전 체	읍·면	
1986	41,214,724	14,005,506	62,032
1996	45,545,282	9,752,253	43,654
연평균 증가	1.1	-3.9	-3.8

자료: 통계청(1997), 「한국통계연감」과 단양군(1996), 「통계연보」를 이용 재구성.

1996년 현재 단양군의 인구는 43,654명으로 상주인구가 가장 많았던 1969년(93,948명)의 46.5%에 불과하다. 결과적으로 단양군의 인구밀도 역시 1km^{2}당 118.9명에서 55.9명으로 감소하였으며, 이는 1996년 전국의 인구밀도(449.4명)의 12.4% 수준에 불과하다. 이를 읍면별로 보면, 단양읍 192.1명, 매포읍 139.5명, 단성면 37.3명, 대강면 27.0명, 가곡면 28.0명, 영춘면 27.1명, 어상천면 35.3명, 적성면 29.8명 등으로 읍면 간 편차가 매우 크며 전체 단양인구의 56.6%가 단양읍과 매포읍에 거주하고 있다. 한편 남녀별 성비는 50.3:49.7로서 전국 평균(50.2:49.8)과 비슷하였다.

〈표 6〉 단양군의 읍면별 인구 구성(1996)

(단위: 명, %, 명/km^2)

구 분	전체	단양읍	매포읍	단성면	대강면	가곡면	영춘면	어상천면	적성면
인구수	43,654	14,524	10,173	2,718	3,631	2,927	4,937	2,586	2,158
구성비	100.0	33.3	23.3	6.2	8.3	6.7	11.3	5.9	4.9
인구밀도	55.9	192.1	139.5	37.3	27.0	28.0	27.1	35.3	29.8

자료: 단양군(1997), 「통계연보」.

지목별 토지이용실태(1996)를 보면 단양군은 임야의 비율이 전국(65.8%)보다 훨씬 큰 82.6%에 달하고, 2개소의 국립공원(소백산 국립공원과 월악산 국립공원)이 전체 군 면적의 1/4 이상(27.5%, 214.7km^2)을 차지할 정도로 산악지역에 위치해 있음을 알 수 있다. 결과적으로 경작지 비율은 전국(21.2%)의 절반에도 못 미치는 10.1%에 불과하며, 특히 논의 경우 전국 평균이 12.7%인 반면에 단양군은 2.1%에 불과하였다. 그리고 〈표 7〉과 같이 지난 10년간 단양군의 지목별 토지이용 변화추이를 보면, 전답은 감소세를 보였으나 공장용지와 목장용지는 증가세를 보이고 있었다.

국토이용계획상 용도지역 현황을 보면, 농림지역 및 자연환경보전지역으로 지정된 보전용도지역이 군 전체 면적의 74%를 차지하고, 준농림지역이 21%, 그리고 개발이 가능한 도심지역 및 준도시지역으로 지정된 개발용도의 면적은 전체의 5%인 39.4km^{2}에 그치고 있다.

〈표 7〉 단양군의 지목별 토지이용 변화추이(1986-1996)

(단위: 천 평방미터, %)

구 분	1986		1996		연평균 증가율
	면적	구성비	면적	구성비	
전	66,915	8.6	62,267	8.0	-0.8
답	20,156	2.6	16,475	2.1	-2.2
과수원	641	0.1	712	0.1	1.2
목장용지	832	0.1	2,162	0.3	11.2
임야	647,580	83.3	645,212	82.6	-0.0
대지	4,577	0.6	4,855	0.6	0.7
공장용지	1,038	0.1	1,541	0.2	4.5
기타	35,743	4.6	48,089	6.2	3.4
합 계	777,482	100.0	781,313	100.0	0.1

자료: 단양군(1997), 「통계연보」와 통계청(1997), 「한국통계연감」을 이용해 재구성.

2. 지역 경제환경

단양군의 역내경제의 구조는 〈그림 6〉과 같이 요약할 수 있다. 그림에서 실선사각형은 역내경제를 뜻하며, 점선사각형은 역외경제를 의미한다. 역내경제는 크게 생산 주체인 산업부문, 자금중개기관인 금융기관, 그리고 소비 주체로 구성된다.

산업부문의 경우 1996년 기준으로 전체 사업체 2,674개소 중 관광관련 사업체는 숙박 및 음식점업체 698개소, 소매 및 소비용품 수선업체 770개소, 운수업체 135개소, 여행알선 및 운수관련 서비스업체 25개소, 오락 및 문화서비스업체 82개소 등 총 1,710개소 (63.9%)에 달하므로 단양군의 사업체는 크게 관광산업과 기타 산업으로 구성되어 있다고 볼 수 있다. 이들 각각의 산업은 다른 산업의 생산물을 생산요소로 취해 재화를 생산하며, 그 생산물은 다시 다른 산업의 생산요소 혹은 소비목적으로 사용되거나 또는 역외지역으로 수출된다.

〈그림 6〉 단양군 역내경제의 구조

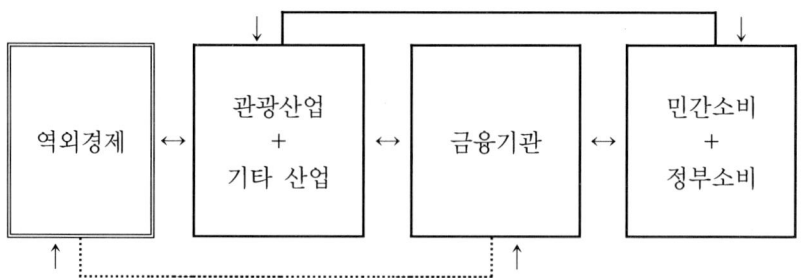

이러한 실물흐름과 반대로 발생하는 자금의 흐름을 살펴보면, 소비 주체인 민간과 정부는 재화소비의 반대급부로 산업부문에 자금을 직접공급하거나 또는 금융기관에 저축을 함으로써 간접적으로 산업부문에 자금을 공급한다. 물론 이와 같은 자금의 흐름은 역외지역으로 유출되거나 역외지역에서 유입되기도 한다.

다음으로 단양군의 경제세력권을 보면, 신단양을 중심으로 경제권이 형성되어 있으며, 외부로는 제천과 밀접한 관련이 있다. 그 예로 행선지별 버스운행 회수를 보면, 제천시와 1일 90회, 영주 38회, 서울, 충주, 원주 방면으로 각 30회씩 시외버스가 운행되고 있다. 즉, 단양의 교통은 남북방향으로 운행축을 형성하면서 제천, 원주, 서울 방향으로 집중됨을 알 수 있었다. 마찬가지로 상품의 유통경로 역시 서울~제천~신단양, 충주~신단양, 영주~신단양 순으로 유입이 되지만 대부분의 상품 구입지는 제천이며, 일부는 서울에서 직접 구입하고 있었다.

한편 1995년도 단양군의 세입은 929억 원이고 세출은 651억 원으로 세입이 278억 원 많다. 그러나 재정자립도는 약 21.5%로 전국의 65%나 충북의 41.4%에 훨씬 못 미치는 낙후된 경제상태를 보이고 있다.[28]

---

28) 지방세는 취득세, 등록세, 면허세, 마권세, 주민세, 재산세, 자동차세, 농지세, 도축세, 담배소비세, 종합토지세, 도시계획세, 소방시설세, 사업소세 등 14개 항목으로 구성됨.

제2절 관광환경 분석

1. 관광시장 및 교통 분석

단양군은 「전국관광종합개발계획」의 전국 5대 관광권, 24개발소권 중에서 충청관광권 내 충주호권의 동단에 위치하고 있다. 충주호권은 충주호, 단양팔경, 수안보온천, 능암온천, 속리산 국립공원, 월악산 국립공원, 소백산 국립공원, 코타레저타운, 청풍문화재단지 등의 관광자원을 보유하고 있는 곳으로 호반휴양, 온천, 산악탐방, 역사문화탐방 등의 다양한 관광경험이 가능한 권역이다.

그러나 단양군은 강원도 및 경상북도 등과 맞닿은 접경지역이란 특성 때문에 인접한 제천, 문경, 영주, 영월 등과 관광 측면에서 어느 정도의 경합관계에 놓여 있다. 비록 문경이나 영주권은 단양군과 소백산맥을 경계로 분리되므로 수도권보다는 대구를 주요 관광시장으로 잡고 있어 단양군과 직접적으로 경합하지는 않지만, 수도권을 관광시장으로 삼고 있는 제천시와 영월군은 단양군과 직접적인 경합관계에 놓여 있었다. 특히 제천시는 월악산 국립공원, 청풍문화재단지, 의림지, 송계 마애불상 등 수변자원과 산악자원이 조화를 이루는 곳으로 중앙고속국도의 부분개통 이후 수도권 관광시장에 대한 접근성이 향상되었고, 영월군은 고씨동굴, 청령포, 장릉 등 역사문화자원이 많은 곳으로 1997년에 개발촉진지구로 지정되어 관광개발에 대한 집중투자가 예상되는 지역이다.

한편 단양군의 주요 교통망은 5번, 36번 국도와 573번, 575번, 595번 지방도 및 중앙선 철도로 이루어져 있다. 일반 대중교통인

버스의 운행노선과 횟수를 보면, 제천시와 1일 90회, 영주 38회, 서울, 충주, 원주 방면으로 각 30회씩 시외버스가 운행되고 있다. 즉 단양의 교통은 남북방향으로 운행축을 형성하면서 제천, 원주, 서울 방향으로 교통량이 집중되고 있음을 알 수 있다.

그리고 춘천과 대구를 연결하는 총연장 280km의 중앙고속국도가 2002년에 개통된 이후 북쪽으로 서울, 춘천, 원주, 제천 지역과 남쪽으로 영주, 안동, 대구 지역에 대한 교통연계성이 크게 개선되었으며 따라서 경북지역 관광객의 방문수요가 대폭 증가하고 있다.

이 밖에 철도의 경우 청량리와 경주를 잇는 중앙선이 단양, 도담, 삼곡, 죽령, 단성역 등 5개 역에서 정차하며, 연간 수송량은 여객 33만 명과 화물 1,400만 톤에 달하고 있다. 그리고 충주호 내수면을 이용한 유람선은 성수기에 1일 평균 왕복 12회, 비수기에는 3~4회 운항을 하지만, 현재는 수위저하로 인해 장회나루까지만 운항되고 있다.

이상의 결과를 종합할 때 단양군의 관광시장은 비록 제천시나 영월군 등과 수도권 시장을 놓고 경합관계를 보이고 있지만, 각 지역이 보유한 관광자원의 비교우위를 확보하는 방향으로 특색을 살려 개발할 경우 오히려 더 많은 관광객을 유치할 것으로 기대된다. 현재 지역 간 차별화가 안 된 경합관계에서 향후 영월군이 카지노로 대표되는 폐광지구 개발사업을 펼치고, 제천시가 위락시설 중심의 개발방향을 전개할 경우, 자연환경이 잘 보존된 단양군은 자연자원 중심형의 관광지로서 특화될 수 있을 것으로 사료된다. 특히 2002년에 중앙고속국도가 개통될 경우 수도권 관광시장뿐만 아니라 경북과 부산·경남지역의 관광시장도 더욱 활성화될 것으로 보인다.

2. 관광자원 및 시설 분석

충1주호의 상류지역에 위치한 단양군의 주요 관광자원은 소백산 국립공원과 월악산 국립공원 등의 산악자원과 고수동굴, 노동동굴, 천동동굴, 온달동굴 등의 동굴, 도담삼봉, 사인암, 옥순봉, 구담봉, 석문, 북벽 등의 기암괴석, 상선암, 중선암, 하선암, 죽령폭포, 남천 계곡 등의 계곡, 적성산성과 온달산성 등의 산성, 단양과 영춘의 향 교, 향산석탑, 수양개유적지 등의 문화재가 있으며, 이 밖에 방곡도 예촌, 소백산관광목장, 구인사, 소백산천문대 등 다양한 관광자원을 갖추고 있다. 이 중에서 관광진흥법에 의거하여 상선암, 중선암, 하 선암, 구담봉, 옥순봉, 사인암, 도담삼봉, 석문 등 단양팔경 주변지 역 총 40.449km2의 면적이 관광지로 지정되었으며, 고수동굴에서 다리안 지구로 이르는 지역이 우선적으로 개발되었다.

〈표 8〉 단양군 주요 관광자원

종 류	관 광 자 원
국립공원	소백산 국립공원, 월악산 국립공원
관광지	고수지구, 천동지구, 다리안지구
동굴자원	고수동굴, 천동동굴, 노동동굴, 온달동굴
주요문화재	온달산성, 적성산성, 죽령산성, 독락산성, 단양적성비, 구인사, 우화교 신사비, 향산석탑, 소백산 주목군락, 측백수림, 단양향교, 영춘향교, 탁오대, 암각자, 복도별업, 죽령산신당, 조자형 가옥, 상시바위, 그늘 유적, 공문성, 보국사지, 대흥사지, 구낭굴유적, 금굴유적, 수양개유 적, 화장암
경승지	도담삼봉, 석문, 상선암, 중선암, 하선암, 옥순봉, 설마동, 북벽, 도락 산, 사인암, 칠성암, 죽령폭포, 구봉팔문, 남천계곡, 일광굴, 금수산
기타 자원	남조유황온천, 방곡도예촌, 소백산철쭉제, 소백산천문대, 소백산관광 목장

자료: 단양군, 내부 자료를 재구성하였음.

  단양군 내의 주요 관광사업체는 단양관광호텔과 소백산 및 단양 유스호스텔, 여관 52개소, 민박 27개소 등으로 방문객 규모에 비하여 충분한 숙박시설을 갖추지 못하였다. 또한 기존 시설의 대부분이 노후화되어 관광객에게 큰 매력을 제공하지 못하며, 주변에 관광객의 숙박을 유도할 만한 다양한 소재가 부족한 실정이다.

〈표 9〉 단양군 읍면별 관광관련 사업체 현황

(단위: 개소)

업 종 별	총 계	단양읍	매포읍	단성면	대강면	가곡면	영춘면	어상천	적성면
호 텔	1	1	-	-	-	-	-	-	-
유스호스텔	2	2	-	-	-	-	-	-	-
여 관	52	45	1	2	1	0	3	0	0
음 식 점	615	326	118	30	45	25	51	14	6
민 박 업	27	12	-	6	9	-	-	-	-
도 매 업	36	24	11	-	-	-	-	1	-
소 매 업	769	384	142	32	59	27	73	35	17
수상운송업	3	1	1	1	-	-	-	-	-
여행알선 및 운수서비스업	25	7	15	1	-	-	2	-	-
오락, 문화, 운동관련 사업	82	51	14	5	3	-	7	2	-
합 계	1,612	853	302	77	117	52	136	52	23

주: 현재 단양읍 내에 630실 규모의 콘도미니엄이 건축 중에 있음.
자료: 단양군(1997), 「1996년 기준 사업체 기초통계 조사보고서」
　　　단양군(1998), 내부 자료.

  이에 따라 단양군은 2002년에 개통될 중앙고속국도와 2005년에 완료될 영월군, 태백시, 정선군 일대의 폐광지구 관광개발사업에 맞추어 〈표 10〉과 같은 지역별 관광개발 방향을 설정하고 부문별 개발사업을 시행 중에 있다. 또한 충북에서 단양군은 강원관광권과 경북관광권을 연결하는 요충지로서 중요성을 인정받고 있다. 즉 「충청북도 권역별 관광개발계획(1996)」에서 동굴자원을 최대한 보전하고 쾌적한 동굴 관광환경을 조성하기 위한 기반시설과 휴양시설의 보완 등 특화개발이 예정된 지역에 속해 있다.

〈표 10〉 지역별 관광개발 방향

명 칭	해당지역	주요자원	개발방향
관광거점지역	단양읍	고수동굴, 도담삼봉, 단양나루터	숙박시설, 야간관광시설 설치 등 위락시설지구화
북부관광특화지역	매포읍	시멘트공장	시멘트공장을 이용한 산업 관광지, 골프장 등 위락시설 건설
동부관광특화지역	영춘면	온달산성, 온달동굴, 구인사, 적벽, 남천계곡	자연풍경감상 및 문화관광 중심지역화
남부관광특화지역	대강면	월악산 및 소백산국립공원, 온천	산악자원 중심의 사계절 휴양관광지역화
서부관광특화지역	단성면 적성면	옥순봉, 구담봉, 제비봉, 금수산, 적성산성, 수양개선사유적지	유람선을 이용한 수상관광 활동의 중심지화

자료: 단양군(1998), 「단양군 관광진흥전략 및 주요 지역 관광개발계획」.

3. 관광방문실적 분석

단양군을 찾는 관광객들이 주로 이용하는 관광지와 그들의 월별 이동상황은 〈표 11〉과 같다. 먼저 관광객들이 즐겨 찾는 관광지는 구인사(26.6%), 도담삼봉·석문(16.5%), 고수동굴(15.5%), 소백산 (13.0%), 구담봉(12.3%)의 순으로 나타났는데, 이들 지역은 대부분

국도에 인접하거나 버스터미널이 입지한 지역으로서 접근성이 양호
한 곳이다. 그러나 상대적으로 후미진 곳에 위치한 상선암, 중선암,
하선암, 사인암, 노동동굴, 천동동굴 등은 방문율이 낮으며, 특히 관
광지로 지정된 이후 활발한 개발이 이루어진 다리안·천동동굴 지
구 등은 관광객의 유치를 위한 적극적인 홍보가 필요한 지역이다.

〈표 11〉 주요 관광지별 연간 관광객 방문실적(1996)

(단위: 명, %)

관광지명	방문객 수	비 율	관광지명	방문객 수	비 율
소백산	634,532	13.0	구담봉	599,014	12.3
구인사	1,295,901	26.6	삼봉/석문	805,024	16.5
상선암	44,186	0.9	고수동굴	754,828	15.5
중선암	50,203	1.0	노동동굴	27,926	0.6
하선암	63,374	1.3	천동동굴	160,745	3.3
사인암	83,750	1.7			
옥순봉	357,415	7.3	합계	4,876,898	100.0

자료: 단양군(1998), 「단양군 관광진흥전략 및 주요 지역 관광개발계획」.

관광객들의 월별 이동상황(〈표 12〉 참조)을 보면, 철쭉제가 개최
되고 석가탄신일 행사가 개최되는 5월(13.5%)과 6월(13.7%)에 가
장 많은 관광객이 찾아오며, 다음으로 8월(13.4%), 9월(13.2%), 10
월(9.8%) 4월(9.6%)의 순으로 관광객의 방문이 많다. 따라서 단양
군은 7~8월 여름휴가철에 관광객이 집중하는 일반적인 자연자원
중심형 관광지보다는 비교적 고른 관광이용행태를 보이고 있으나,
11월부터 3월까지 약 5개월간의 동절기에는 역시 비수기를 나타내
고 있다.

〈표 12〉 단양군 관광객의 월별 방문실적(1996)

(단위: 천 명, %)

구 분	1	2	3	4	5	6	7	8	9	10	11	12	합계
방문객	128	163	188	470	656	669	393	654	642	476	258	178	4,877
비율	2.6	3.3	3.9	9.6	13.5	13.7	8.1	13.4	13.2	9.8	5.3	3.6	100.0

자료: 단양군(1997), 내부 자료.

　이렇게 지역경제구조의 불안정을 초래할 수 있는 계절성
(seasonality)[29]의 정도를 나타내는 단양군 관광객의 월별 변동계수
는 지난 5년간 0.49~0.53(1996년은 0.51)이었으며, 경주지역의 변동
계수 0.60(김규호, 1996:46)에 비해 상당히 낮았다. 그러나 이러한 현
상은 단양 관광객의 연간 이용실적이 고르게 분산되어 나타난 현상
이 아니라 경주지역이 봄가을의 수학여행목적지란 특성상 계절적 편
중현상이 극심했기 때문인 것으로 볼 수 있다.

　이상의 내용을 볼 때 단양군 관광의 문제점 중의 하나는 관광객
이용의 집중에 관한 점이다. 즉 계절적인 집중뿐만 아니라 역내 관
광지의 이용률 집중 현상도 문제점으로 지적할 수 있기 때문이다.
관광객들이 즐겨 찾는 곳은 대부분 도로변에 위치한 관광지였으며,
도로에서 다소 이격되어 있는 관광지의 이용률은 매우 저조하였다.
따라서 관광객의 동선이 짧은 관계로 단양군 내의 소재한 다수의
관광자원은 제대로 활용되지 못하고 있었다. 특히 가장 많은 관광

---

29) 변동계수를 구하는 공식은 다음과 같다(박석희, 1997:154).

$$CV = \frac{\sqrt{\sum(X_i - \overline{X})^2 \div 12}}{\overline{X}}$$

여기서 CV 는 월별변동계수, $\overline{X}$ 는 월평균방문자 수, X_i 는 i 월의 방
문자 수임.

객이 집중하는 구인사의 경우 관광객의 관광활동이 사찰 내에서만
발생하는 관계로 그들 관광객에 의한 비용 지출은 전혀 단양군 내
로 흡수되지 못하고 있었다.

제4장 조사방법 및 분석모형 설정

제1절 조사설계

1. 개 요

본 연구에서는 관광의 지역경제적 효과에 관한 연구를 - 단양군과 같은 소규모 지역에서 - 수행할 때 요구되는 자료의 양과 질, 소요 시간과 비용, 분석결과의 유용성 등을 고려하여 케인즈류 승수분석을 기본 분석방법으로 채택하였다.

보조분석 수단으로는 변화 - 할당분석과 입지상 분석을 택하였으며, 그 분석절차와 분석내용 그리고 분석에 사용된 자료는 〈그림 7〉과 같다.

〈그림 7〉 분석절차

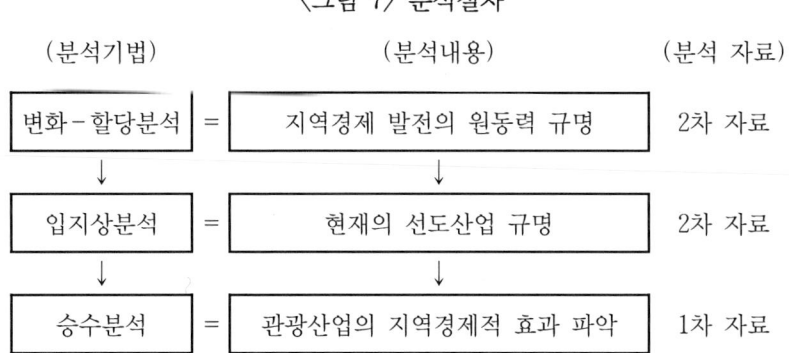

2. 분석 자료의 출처

분석에 필요한 자료는 크게 현장 설문조사에 의해 얻은 1차 자료와 각종 관련 기관에서 수집 발표한 2차 통계자료로 구성하였다.

단양지역 경제성장의 주요 영향요인과 원인을 찾기 위한 변화-할당분석과 단양지역 관광산업의 비교우위를 판단하기 위한 입상분석에 필요한 단양지역의 고용관련 자료는 관련 기관에서 발표한 2차 자료를 수집하여 분석하였다.

그리고 관광산업의 지역경제적 파급효과를 측정하기 위한 자료는 관광객, 관광숙박업체, 소매점이나 음식점 등 관광관련 업체, 해당 업체의 종사원을 포함한 지역주민 등을 대상으로 현장 설문조사한 1차 자료로 구성하였다.

1) 1차 자료(primary data) 수집

최근 5년간 단양군의 월별 방문비율(〈표 13〉 참조)을 보면, 연간 관광객의 21.5%만이 방문하는 동절기 5개월(11월~3월의 비수기)과 50.0%가 방문하는 하절기 5개월(5월~9월의 성수기)로 양분되며, 4월과 10월은 월평균 방문율보다 약간 높게 나타났다.

따라서 설문조사는 관광객의 이용률이 연중 평균을 약간 상회하는 4월을 택하여 실시하였다. 예비조사는 1998년 4월 14일 단양읍 내에서 실시하였으며, 본 조사는 4월 25일 단양군 전 지역에서 실시하였다. 또한 본 조사의 결과를 토대로 5월 2일에 보완조사를 실시하였다.

〈표 13〉 최근 5년간(1992~1996년)의 월별 방문비율

월	1	2	3	4	5	6	7	8	9	10	11	12
%	3.1	4.0	4.6	9.9	14.4	12.3	8.4	13.1	10.8	9.8	5.6	4.2

자료: 단양군의 내부 자료(연도별)로 계산하였음.

　설문조사는 숙박 여부에 관계없이 단양군을 방문한 모든 관광객과, 그 관광객을 상대로 단양에서 사업체를 운영하는 숙박업체, 도소매업체, 음식업체 그리고 해당 업체에 근무하는 종사원 및 일반 지역주민 등을 대상으로 하였다.

　실제조사에 사용한 설문지는 부록에 수록하였으며, 주요 설문내용과 설문장소 및 표본 수 그리고 설문조사방법은 다음과 같다.

(1) 주요 설문조사 내용

　가) 관광객
　　① 거주지
　　② 여행동반자
　　③ 여행목적
　　④ 단양 내 체류기간
　　⑤ 단양 내 숙박장소
　　⑥ 지출비용(지출지역별/지출항복별)
　　⑦ 일행의 수

　나) 숙박업체
　　① 소유자의 거주지
　　② 객실관계(객실 수/1일 평균 투숙객 수/영업 일수)
　　③ 영업부문별 월 평균 총매출액(객실부문/부대시설부문)

④ 월 평균 총지출액(지출항목별 금액)

⑤ 종사원관계(거주지/급여액/인원)

⑥ 주요 원자재 구입처별 지출금액

다) 기타 관광관련 사업체(도소매업/음식업 등)

① 소유자의 거주지

② 월 평균 매출액

③ 월 평균 총지출액(지출항목별 금액)

④ 종사원관계(거주지/급여액/인원)

⑤ 주요 원자재 구입처별 지출금액

⑥ 사업장(상점)의 소유관계와 건물주의 거주지

라) 지역 거주민 및 종사원

① 직업

② 가족 수

③ 월평균 소득, 저축 및 지출액

④ 생활비 지출처(단양군 내/단양군 외)별 지출액

(2) 설문조사방법

예비조사에서는 자기기입식 설문조사법(self-administered ques-tioners method)과 면접자 기입식 설문조사법(interviewer administered questioners method)을 병행하였다.

그러나 자기기입식 설문지를 사용한 경우 응답자들이 설문내용을 잘못 이해하고 응답하는 경우가 종종 발생하여 일부 무효표본이 발생하였다. 또한 일부 설문문항에 대한 무응답도 발생하였으므로 이에 의한 편의발생을 줄이기 위해 본 조사에서는 면접자 기입식 설문조사방법을 택하여 조사하였다.

면접자 기입식 설문조사(interviewer administered questioners method)는 응답률이 높고 무응답에 의한 편의 발생을 줄일 수 있으며, 설문문항에 대한 이해의 잘못을 감소시킬 뿐만 아니라 글로 표현하기 어려운 부분을 설명할 수 있었다. 특히 관광객의 비용 지출구조에 대한 면접자의 정확한 설명이 전제되므로 보다 유용한 자료를 얻을 수 있는 장점이 있다(박석희, 1993:166-7).

설문조사를 수행할 면접요원은 경기대학교 대학원 관광개발학과에 재학 중인 석사과정 대학원생 중에서 설문조사 경험이 풍부한 자들을 중심으로 16명을 선발하였으며, 이들에게 본 연구의 목적과 각 설문항목의 취지, 그리고 설문조사 시 주의사항 등에 대한 충분한 사전교육을 실시하고 설문조사를 수행하도록 하였다.

구체적인 각 설문대상별 설문조사 방법은 다음과 같다.

첫째, 관광객의 관광비용 지출을 조사하는 관광객 설문조사의 경우, 조사대상 관광지의 출구에서 대기 중인 설문조사 요원이 관광활동을 종료하고 귀가하는 관광객들을 대상으로 1998년 4월 25일 오후 2시부터 오후 6시까지 각 지역 모두 4시간씩 면접식 설문조사를 실시하였다.[30] 이는 특정 지역에 대한 표본비율이 실제와 다르게 과장되는 것을 방지하기 위함이었다.

둘째, 관광숙박업을 비롯한 관광관련 업체에 대한 설문조사는 업종별, 지역별로 조사표본 매수를 할당한 다음 조사요원이 직접 해당 업소를 방문하여 업소 대표에게 설문내용에 관한 충분한 설명을 한 후 업소 대표의 답변내용을 조사요원이 직접 기록하였다.

---

30) 가장 효과적으로 관광객들의 관광비용 지출을 조사하는 방법은 조사대상 관광객을 처음부터 끝까지 수행하면서 그들의 비용 지출을 일일이 기록하는 방법이지만 현실적으로 이 방법을 수행하기란 비용, 시간, 조사인원 측면에서 대단히 어려운 방법이다.

셋째, 관광관련 업체에 원재료를 공급하는 원재료공급업체의 경우, 관광관련 업체에 대한 설문조사 과정에서 파악된 1차 원재료공급업체 명단을 가지고 1998년 5월 2일에 해당 업소를 방문하여 관광관련 업체와 동일한 방법으로 설문조사를 하였다. 또한 1차 원재료공급업체 중에서 2차 원재료를 공급받는 경우 1차 원재료공급업체와 동일한 방법으로 조사를 계속하였다.

넷째, 단양군 지역주민에 대한 설문조사의 경우에는 관광지 주변에 거주하거나 관광관련 업체에 근무하는 종사원으로 한정하였다. 지역주민에 대한 조사에서 일반 지역주민을 배제한 이유는 본 연구에서 사용할 케인즈류 관광승수가 관광산업의 유발효과까지는 측정할 수 없는 단순모형이기 때문이었다. 따라서 일반 지역주민은 관광산업이 아닌 다른 경제권에 소속되어 있다는 가정하에, 관광지 주변에 거주하거나 관광산업체에 종사하는 지역주민 등과 같이 관광의 직접적인 영향권에 놓인 주민만을 조사대상으로 삼았다.

(3) 설문조사 지점과 표본율

설문장소는 1996년도에 단양군에서 집계한 관광객 이동통계에 관한 내부 자료(주요 관광거점별 관광객 방문비율)를 토대로 〈표 14〉와 같이 주요 집객지점을 조사대상지로 선정하였다.[31] 또한 숙박업체와 일반 관광관련 업체 및 그 종사자와 주민에 대한 설문지의 지역별 할당은 단양군이 작성한 사업체기초조사 통계자료에 나타난

---

31) 단양읍 내의 경우 관광이동 통계에서는 제외되어 있었으나 실제로는 많은 관광객이 단양나루터를 방문하고 단양읍 내가 단양군 교통의 결절점이란 점에서 관광객 설문조사 대상지에 포함시켰다. 특히 조사기간 중에는 남한강의 유량이 풍부하여 '충주 ↔ 신단양' 간 유람선이 단양나루에 정박하였으므로 이들 유람선 관광객을 상대로 조사를 실시하였다.

지역별, 업종별 분포도와 예비조사 시 파악한 주요 집객지점에 소재한 상권의 규모와 배치를 고려하여 설문 할당 수를 결정하였다. 설문조사요원은 각 지역 모두 2명씩 투입하였으며, 대부분의 관광 관련 업체가 소재하고 있는 단양읍은 2명을 추가로 투입하여 업체 조사만을 수행하도록 하였다. 그리고 모집단별 표본율은 〈표 15〉와 같다.

2) 2차 자료(secondary data) 수집

변화-할당분석과 입지상 분석에 요구되는 단양지역의 고용에 관한 통계자료는 공공기관에서 발표한 공식 통계자료의 사용을 원칙으로 하였다. 단양지역의 관광객 이동통계에 관한 통계자료는 단양군에서 발간한 연도별 「통계연보」와 「1996년 기준 사업체 기초통계조사보고서」 및 내부집계자료를 입수하여 활용하였다.

한편 1986년도와 1996년도의 산업분류별 전국 고용자 수, 충청북도 고용자 수, 단양군 고용자 수에 관한 고용 자료를 얻기 위해 통계청 자료관리과에 협조공문을 발송한 결과 대한통계협회를 경유하여 분석에 필요한 자료를 입수할 수 있었다. 그렇지만 각종 산업의 발달과 신종 산업의 등장으로 인해 통계청이 기존에 사용하던 산업분류가 1994년부터 일부 개변되어 세분회되었으므로 동일한 기준으로 변화-할당분석을 수행하기 위해서 1996년도 산업별 분류를 1986년도 분류기준으로 일부 통합 조정하여 사용하였다(〈표 16〉 참조).

〈표 14〉 설문 배포 수와 유효표본 수

(유효표본 수/배포 수)

설문대상 \ 설문장소		구인사	장화나무	단양읍 내	고수동굴	소백산	도담삼봉	상선암	합계
관광객		36/39	27/28	21/22	49/54	16/20	38/40	14/14	201/217
숙박업체	호텔	-	-	1/1	-	-	-	-	
	유스호스텔	-	-	1/1	-	1/1	-	-	2/2
	여관	-	-	10/10	-	-	-	-	10/10
	민박	1/1	-	-	-	2/2	-	1/1	4/4
일반업체	음식점	1/4	1/2	3/6	3/3	0/3	4/4	3/3	15/25
	소매점	-	-	7/8	2/2	2/3	0/1	-	11/14
	유흥업소	-	-	2/2	-	-	-	-	2/2
	기념품점	0/1	1/1	2/2	1/2	0/1	1/1	-	5/8
	주유소	-	-	1/1	-	-	-	-	1/1
원재료공급처		-	-	4/4	-	-	-	-	4/4
종사원/주민		3/3	5/5	15/15	5/5	6/6	5/5	4/4	43/43
합 계		41/48	34/36	76/72	60/66	27/36	48/51	22/22	299/331

〈표 15〉 모집단별 표본율

설문조사대상		모집단	유효표본 수	표본율(%)
관광객[1]		2,585	201	7.8
숙박업체	호텔	1	1	전수조사
	유스호스텔	2	2	전수조사
	여관	55	10	18.2
	민박	17	4	23.5
도매업체		34	4	11.8
소매업체		770	17	2.2
음식점		640	15	2.3
오락/문화/운동사업체		82	2	2.4
관광관련 업체 종사원		3,721	43	1.2

주: 1998년도 단양군의 연간 관광객 수(보정)는 943,680명이므로 1일 평균 2,585명임.

또한 관광산업의 경제적 효과를 측정하기 위해서는 우선 관광산업의 범위에 대한 명확한 한계를 정의할 필요가 있었다. 왜냐하면 통계청 등 공공기관에서 발간하는 산업별 분류에는 관광산업이란 독립산업이 존재하지 않지만, 관광객의 관광활동에는 숙박과 식사, 교통수단, 오락 등에 관한 서비스가 수반되어야 하므로 이들과 관련된 산업의 종류와 그 범위를 제한할 필요가 있기 때문이었다.

따라서 본 연구에서는 관광산업의 경제적 효과에 관한 국내의 선행연구(권영각, 1992, 1993; 권경상, 1994; 김규호, 1996)에서 공통적으로 사용된 관례에 따라 숙박업, 음식점업, 운수업, 운수관련 서비스업, 오락 및 문화예술서비스업, 소매업 등을 관광산업(또는 관광관련 산업)으로 선정하여 사용하였다. 그러나 단양군에서는 도예산업 등과 같은 일부 제조업 부문이 관광산업에 추가되어야 하지만 아직은 도자기 생산지인 방곡도예촌이 조성단계에 있으며 관광객들의 방문 또한 빈번하지 않으므로 여기서는 제외하였다.

〈표 16〉 신구 산업분류와 통합조정

1986년도		1996년도		통합조정
구분류	해당 산업명칭	신분류	해당 산업명칭	
11	농업 및 수렵업	01	농업 및 수렵업	농림어업
12	어업	05	어업	
13	임업	02	임업	
2	광업	10	광업	左同
311	식음료품제조업	15	음식료품제조업	左同
32	섬유 및 의복가죽산업	17	섬유제품	섬유/의복/모피/가죽/신발 산업
		18	의복 및 모피제품	
		19	가죽, 가방, 마구류 및 신발	
33	목재 및 나무제품제조	20	목재 및 나무제품제조	左同
36	비금속광물제조업	26	비금속광물제조업	左同
37	제1차 금속산업		위에서 언급이 안 된 모든 제조업 (산업분류번호:16, 21~25, 27, 28~37)	기타 제조업
38	조립금속 및 기계장비제조업			
39	기타 제조업			
34	종이제조 및 인쇄출판업			
35	석유, 고무제품 등 제조업			
314	담배제조업			
4	전기, 가스 및 수도사업	40	전기, 가스 및 수도사업	左同
5	건설업	45	건설업	左同
61	도매업	50	도매업	左同
62	소매업	52	소매업	左同
631	음식업	551	음식업	左同
632	숙박업	552	숙박업	左同
711	육상/수상/항공운수업	60	육상/수상/항공운수업	左同
719	운수관련 서비스업	63	운수관련 서비스업	左同
72	통신업	64	통신업	左同
81	금융업	65	금융업	左同
82	보험업	66	보험업	左同
83	부동산업	70	부동산업	左同
94	오락 및 문화예술서비스업	92	오락, 문화 및 운동관련 사업	左同
84/93	사회서비스업		위에서 언급이 안 된 모든 서비스업 (산업분류번호: 71~85, 90, 91, 93)	기 타 서비스업
92	위생 및 유사서비스업			
95	개인 및 가사서비스업			

제2절 분석방법론

1. 변화-할당분석모형

변화-할당분석(shift-share analysis 또는 mix-and-share analysis)이란 지역성장의 원인은 산업성장에 있으며, 또한 산업성장과 고용 간의 관계에 따라 성장은 산업 자체의 구성변화와 지역변화를 가져온다는 데에 이론적 배경을 가지고 있는 분석방법이다. 따라서 변화-할당분석은 지역의 주요 산업성장요인을 고용증가의 측면에서 규명함으로써 지역의 성장잠재력을 측정할 수 있다는 것이다(옥천군, 1996:96).

이 분석법의 최초 응용은 영국의 발로위원회(Barlow Commision)가 세계 양대 대전 사이의 지역 간 고용증가의 불균형을 설명하기 위해 사용한 이래로 고용증가와 지역 간 불균형을 분석하는 대중적인 기법으로 인정받아 왔다. 비록 이 기법이 산업구성이 지역의 성장에 미치는 영향을 과소평가할 수 있으며, 또한 개략적인 추정만을 할 수 있음에도 불구하고 이와 같이 인기를 끄는 이유는 분석기법 자체가 이해하기 쉽고, 손쉽게 구할 수 있는 약간의 자료만 있으면 분석이 가능하다는 점 때문이다(권기철 역, 1997:169-77).

변화-할당분석에서 지역의 총변화는 지역변화와 지역할당의 두 요소로 구분된다. 지역할당효과(RSE: regional share effect)는 전국의 여타 지역에 대비한 특정 지역의 경쟁적 위치를 나타내 주며, 지역 간 경쟁력을 통한 지역성장의 기여도를 보여준다. 그리고 지역변화는 전국성장효과(NGE: national growth effect)와 산업구조효과(IME: industrial mix effect)의 두 가지 요소로 다시 구분된다. 전국성장효과는 지역의 산업별 성장률이 전국 총고용 증가율과 같은 비율로 증가한다는 가정하에 지역의 고용자 수를 계산하는 것을 말한다. 산업구조효과는 전국의 특정산업구조와 지역의 산업구조를 비교함으로써 지역의 저성장산업과 고성장산업을 구분하는 방법을 말한다(옥천군, 1996:96, Bendavid-Val, 1983:67).

따라서 지역의 총고용변화는 지역할당효과(RSE), 전국성장효과(NGE), 산업구조효과(IME)의 합으로 이루어진다.

$$총고용변화 \ = \ RSE \ + \ NGE \ + IME$$

여기서 총고용변화를 파악하기 위해 각각의 지역할당효과, 전국성장효과, 산업구조효과를 구하는 식은 다음과 같다.

$$RSE_{ij} \ = \ E_{ij}(0) \ \left\{ \frac{E_{ij}(t)}{E_{ij}(0)} \ - \ \frac{E_i(t)}{E_i(0)} \right\}$$

$$NGE_{ij} \ = \ E_{ij}(0) \ \left\{ \frac{E(t)}{E(0)} \ - \ 1 \right\}$$

$$IME_{ij} \ = \ E_{ij}(0) \ \left\{ \frac{E_i(t)}{E_i(0)} \ - \ \frac{E(t)}{E(0)} \right\}$$

여기서 RSE_{ij}: j 지역 i 산업 할당효과

NGE_{ij}: j 지역 i 산업성장의 전국경제성장효과

IME_{ij}: j 지역 i 산업성장의 산업구조효과

$E_{ij}(0)$: 기준년도의 j 지역 i 산업의 고용인구

$E_{ij}(t)$: 비교년도의 j 지역 i 산업의 고용인구

$E_i(0)$: 기준년도의 전국 i 산업의 고용인구

$E_i(t)$: 비교년도의 전국 i 산업의 고용인구

$E(0)$: 기준년도의 전국 총고용인구

$E(t)$: 비교년도의 전국 총고용인구

2. 입지상 분석모형

입지상 분석(location quotient analysis)은 연구대상지역의 특정산업을 전국이나 전체 도시평균과 비교하여 해당 산업의 상대적인 전문화 또는 특화 정도를 알아보는 개략적인 분석기법이며, 측정단위로는 고용인구가 사용된다. 분자는 전국에서 차지하는 i산업에 대한 지역할당률을 나타내며, 분모는 전국 총고용인구에서 차지하는 지역의 고용인구비율을 나타낸다. 입지상 분석을 위한 기본식은 다음과 같다.[32]

$$LQ = \frac{E_{ij}}{\sum_i E_{ij}} \Big/ \frac{E_i}{\sum_i E_i} = \frac{E_{ij}}{E_i} \Big/ \frac{\sum_i E_{ij}}{\sum_i E_i}$$

여기서 $\sum_i E_i$: 전국의 총고용인구

$\sum_i E_{ij}$: j 지역의 총고용인구

---

32) 입지상은 개략적인 지표에 불과하므로 정책결정을 위한 절대적인 기준으로 사용하기에는 다소 부족하다. 따라서 산업연관분석과 같은 각종 정밀분석법의 보조분석수단으로 활용되고 있다.

$$E_{ij}: \text{ j 지역 i 산업의 총고용인구}$$
$$E_i: \text{ 전국 i 산업의 총고용인구}$$

이 식에서 분자는 전국에서 차지하는 i산업에 대한 지역할당률을 나타내며, 분모는 전국 총고용인구에서 차지하는 지역의 고용인구 비율을 나타낸다. 분석결과 LQ > 1이면 j 지역은 i 산업제품을 수출하므로 i 산업은 수출산업[33])이 된다. LQ = 1이면 j 지역 i 산업제품을 자급자족하는 것을 나타내며, LQ < 1이면 j 지역은 i 산업제품을 수입하게 되므로 i 산업은 수입산업이 된다. 결과적으로 특정 지역 안에 수출산업이 많으면 많을수록 그 지역에서 생산하는 제품을 외부지역으로 수출하여 자금이 지역 내로 유입되므로 그 지역은 승수효과로 인하여 성장이 촉진되는 것이다(Bendavid-Val, 1983:75, Miller and Blair, 1985:297, 이춘근, 1993:38).

3. 지역 관광승수 분석모형

1) 연간 지역 관광객 총지출액 추정식

Archer(1973)는 연간 관광객 총지출액을 추정하기 위해서 당일 관광까지 포함한 관광숙박시설의 유형별로 관광객 1인당 평균 소비액을 관광객의 평균체재 일수로 나눈 값에 객실점유율과 영업 일수를 곱한 다음 숙박시설의 외지 소유자가 역내에 지출한 경비를 더하여 산출하였다.

---

33) 특정한 지역에서 발생되는 관광객의 지출은 지역 내로 주입되므로 지역입장에서는 수출과 마찬가지 효과를 얻는다.

그러나 Archer의 모형은 우리나라 실정에 맞지 않는 모형으로 판명되었다. 즉 1실당 2인이 투숙하는 서양식 침대형 객실과 달리 2인 이상의 관광객이 투숙하는 우리의 온돌형 객실에 객실점유율 개념을 도입할 경우 연간 관광객 총지출액이 과소 추정될 우려가 있으므로 객실점유율 부분의 적용방법상 일부 수정이 필요하였다.

이에 대한 수정은 이미 김두철(1991)과 이미혜(1993)가 시도한 바 있으나, 이들 모두 Archer의 기본 모형에 지나치게 의존한 나머지 분석에 필요한 1일 평균 숙박객 수에 관한 자료를 숙박업체의 설문조사 자료에서 구하려고 하였다. 그러나 비교적 예약문화가 잘 정착되어 있고 숙박업소의 영업자료 또한 잘 구비된 서양과 달리 우리나라는 내부영업 자료와 실제 발표 자료 간의 괴리가 크다. 따라서 우리나라에서 Archer식 모형을 그대로 적용할 경우 연간 지역 관광객 총지출액은 과소 추정될 우려가 매우 높다. 이와 같은 내용은 연구자가 본 연구와 관련해 사례지역을 수차례 숙박방문하면서 경험한 투숙률과 실제 설문조사 시 숙박업주들에게서 얻은 투숙률이 현격한 차이를 보이고 있음에서 확인할 수 있었다.

그럼에도 불구하고 김두철과 이미혜는 서양식 객실점유율을 도입하여 모형을 구성하였으며, 특히 김두철은 '1일 평균 관광객 수×연간 영업 일수×관광객 1인당 지출액'을 추정하는 과정에서 필요 없는 자료수집과 계산과정을 거쳤다. 그리고 이미혜는 낭일 관광객을 배제하였을 뿐만 아니라 1일 평균 숙박객 수를 적용하고도 다시 1일 평균 숙박객 수를 1일 수용가능인원으로 나눈 값을 중복 대입함으로써 그녀가 구한 연간 관광객 총지출액은 실제 값보다 크게 적은 과소치로 나타났다.

따라서 본 연구에서는 이상과 같은 단점을 보완하기 위해서

Archer의 모형을 우리나라 관광여건에 맞도록 크게 변형시켜 단양 군의 관광수입으로 귀속되는 연간 관광객의 총지출액을 구하고자 하였다. 즉 당일 관광객을 포함한 숙박시설별 관광객 구성비(%)에 단양지역을 방문하는 연간 총관광객 수를 곱하여 숙박유형별 연간 관광객 수를 구하였고, 다시 관광객 1인당 평균소비액을 곱하여 숙 박유형별 총산출액을 계산하였다.

여기서 사용한 숙박유형별 관광객 구성비, 1인당 평균 소비액 등 에 관한 자료는 설문조사에 의해 얻은 통계분석 자료를 활용하였으 며, 연간 관광객 수는 단양군이 최근의 국내 경제사정을 감안하여 예측한 1998년도 단양군 관광객 수를 다시 보정하여 활용하였다.[34] 그러나 유스호스텔만을 이용하는 학생 단체관광객(224,500명)의 경 우 단양군에서 추정한 이동통계상의 방법에 누락되어 있으므로 유 스호스텔의 총산출액은 일반 이용객과 학생 단체객으로 구분해서 별도로 계산하였다.

$$\sum_{j=1}^{m} E_j\, A_j \;+\; D \cdot N \;+\; Y$$

여기서 j : 숙박시설의 유형

E : 숙박관광객 1인당 1일 평균 소비액

A : 연간 숙박관광객 수

---

34) 단양군이 집계한 관광객 수는 이동통계상의 방법으로 집계되며, 각 관광객 들은 평균 4곳의 주요 관광지를 방문하는 것으로 나타났으므로(한범수 외, 1998:261), 1998년도 예상 관광객 수 3,774,719명을 4로 나누면 1998년도에 단양군을 방문할 관광객 수는 943,680명으로 추정된다. 따라서 이 값을 숙박 유형별 관광객 구성비에 곱하여 숙박유형별 연간 관광객 수를 추정하였다.

D : 당일 관광객 1인당 평균 소비액

N : 연간 당일 관광객 수

Y : 유스호스텔의 연간 매출액

위 식에서 관광숙박시설의 유형(j)은 단양군에 소재한 숙박업체의 형태이며, 숙박 관광객 1인당 평균 소비액(E)은 각 숙박 관광객이 단양군에서 지출한 숙박비, 식비, 교통비, 기념품구입비 등 모든 관광비용을 말하고, 연간 숙박관광객 수(A)는 1년 동안 단양군을 방문한 총 숙박관광객 수를 의미하였다. 마찬가지로 당일 관광객 1인당 평균 소비액(D)은 당일 관광객이 단양군에서 지출한 모든 관광비용을 의미하며, 연간 당일 관광객 수(N)는 1년 동안 단양군을 방문한 당일 관광객 수를 의미하였다. 그리고 유스호스텔의 총산출액은 설문조사를 통한 간접적 추계방식이 아닌 유스호스텔에서 직접 구득한 연간 매출액(Y)자료로 활용하였다.

이처럼 연간 지역 관광객 총지출액을 추정하기 위해 필요한 분석자료는 기본적으로 숙박시설의 업주로부터 얻는 면접 조사 자료를 사용하지 않고, 매년 단양군에서 공식 집계하여 발표하는 관광객 이동통계에 관한 보정 자료와 본 연구에 적용할 목적으로 설문조사한 관광객의 지출 및 숙박에 관한 직섭 조사 자료를 사용하였다.

덧붙여 본 연구와 관련하여 발생한 몇 가지 자료수집상의 문제점을 밝혀 둠으로써 향후 지역 관광소득승수에 관한 연구를 수행할 연구자들에게 다소의 도움이 되었으면 한다. 먼저 단양군에 소재한 호텔의 경우 극심한 경영난으로 인하여 최근 수개월 동안 정상적인 영업이 불가능하였다. 그 결과 종사원에 대한 임금체불이 발생하였으며, 거래내역의 기장 또한 이루어 지지 않았으므로 파행영업이

114

시작되기 직전인 전년도 자료를 입수하여 매출원가나 급여 부분과 같이 분석에 필요한 내용을 파악할 수 있었다.

다음으로 여관에 대한 영업자료 수집도 여의치 않았다. 특히 여관의 매출액과 투숙률 등 영업실적에 관한 정확한 자료를 얻기 위해 피면접자에게 순수학술용인 본 조사목적을 충분히 설명했음에도 불구하고, 대부분의 피면접자들이 본 조사를 행정기관의 대리조사로 오인하였기 때문이다. 즉 그들은 자신들이 처한 영업난과 애로점을 집중 부각시키려 했으며, 매출액과 투숙률 등의 문항에 실제보다 크게 축소시킨 내용을 진술함으로써 은연중에 행정당국의 행정적, 재정적 지원을 기대하고자 하였다.35)

또한 민박업소에서는 성수기와 비수기간의 현격한 이용률의 차이가 있어 정확한 연간 평균 이용객 수를 추정하기가 어려웠다. 특히 더욱이 조사에 응해 준 민박업주들 모두가 영업실적에 관한 기록행위 없이, 다만 기억에 의한 답변을 하는 까닭에 그들이 진술한 답변내용의 정확성에 의구심이 들었다.

그리고 친구 집이나 친지 집에서 숙박을 하는 관광객의 경우 이

35) 연간 지역 관광객 총지출액을 추정하기 위해 여관에 대한 분석 자료를 수집하는 방법은 크게 세 가지로 볼 수 있다. 첫 번째 방법은 '1일 평균 투숙객 수'와 '연간 영업 일수'에 관한 정보를 여관 업주로부터 직접 획득하는 방법이며, 두 번째 방법은 해당 업소의 숙박명부를 활용하여 투숙객 수를 확인하는 방법이고, 세 번째 방법은 관광객들로부터 얻은 설문자료를 토대로 여관에 투숙한 관광객의 총지출액을 추산하는 방법을 생각할 수 있다. 본 연구에서는 세 번째 방법을 이용하여 여관에서 숙박한 관광객의 총지출액을 추산하였다. 그 이유는 예비조사와 본 조사 과정에서 대부분의 업주들이 영업내용을 실제보다 크게 축소시켜 진술함으로써 첫 번째 방법의 신뢰도에 문제가 있었기 때문이다. 즉 연구자가 수차례 여관에 투숙하여 관찰한 투숙객 수와 여관 업주가 진술한 내용이 크게 다름에서 이와 같은 문제점을 확인할 수 있었다. 두 번째 방법에 의해 자료를 얻는 것 역시 강제력의 뒷받침이 없는 일반 연구자의 입장에서는 어려웠다.

들이 숙박하는 곳을 일일이 찾아다니며 조사한다는 것은 근본적으로 불가능하므로 관광객들의 설문조사에 의존할 수밖에 없었다.

마지막으로 단양지역에 소재한 두 곳의 유스호스텔을 이용하는 관광객의 경우 대부분 중고등학교 학생 단체객이었으며, 이들 학생들은 모두 거주지의 해당 학교에서 사전에 약정한 이용료를 일괄 납부하고, 대절버스 편을 이용해 유스호스텔에 도착하였다. 뿐만 아니라 이들 학생들은 유스호스텔 구내에서 모든 연수 및 교육 등의 단체행사를 마치고 귀가하기 때문에 단양군 내에서 별도의 비용 지출이 이루어지지 않았다. 다만 유스호스텔이 그들 학생들에게 식사 제공을 하면서 요구되는 식재료 구입비와 인건비 일부가 지역 내로 유입될 뿐이었다. 따라서 유스호스텔에 대한 총산출액은 일반 숙박시설과 분리하여 취급하였으며, 필요한 자료는 각 유스호스텔의 책임자와 면접하여 얻은 영업 관계 자료로 대신하였다.

2) 지역 관광소득승수 모형

승수(multiplier)란 어느 지역경제에 끼친 최초의 변화가 결과적으로 그 지역경제에 가져온 배수만큼의 변화를 뜻한다. 그러나 앞서 고찰한 이미혜의 속초지역 관광승수모형은 관광수입의 역외 누출을 차감한 '관광소득성향'을 적용하지 않고 외부 지역에서의 지출을 고려한 '속초시 지출률'을 적용한 까닭에 추정 값이 과소 추정되는 단점이 있었다.

따라서 본 연구에서는 다음과 같이 변형시킨 모형을 사용하여 단양군의 지역관광소득승수와 각 소비유형별 소득승수를 구하였다.

$$① \ 지역 \ 관광소득승수 \ = \ \sum_{i=1}^{n} \sum_{j=1}^{n} Q_j \cdot K_{ij} \cdot V_i \left(\frac{1}{1 - L \cdot Y \cdot R} \right)$$

$$② \ 지출부문별 \ 관광소득승수 \ = \ V_i \left(\frac{1}{1 - L \cdot Y \cdot R} \right)$$

여기서　i : 관광상품(지출부문)의 유형

j : 관광숙박시설의 유형(호텔, 여관, 민박, 非숙박 등)

Q_j : 숙박유형(호텔, 여관, 민박, 당일관광)별 관광객 분포비율

K_{ij} : 관광객(숙박유형)별 각 관광상품에 대한 소비비율

V_i : 관광상품(지출부문)별 지역소득성향

L : 지역주민의 평균 소비성향

Y : 지역주민의 소득성향

R : 지역주민의 소비중 지역에서 지출한 비율

　　위 모형에서 관광상품의 유형(i)은 관광객들이 단양 지역 내에서 소비하는 대상으로써 숙박시설도 포함하며, 관광숙박시설의 유형(j)은 호텔, 유스호스텔, 여관, 민박, 친구(친척)집, 비숙박 등의 다섯 가지로 구분된다. 그리고 숙박유형별 관광객 분포비율(Q_j)은 관광숙박시설의 유형별 이용객 수를 총관광객 수로 나눈 값이며, 관광객별 각 관광상품에 대한 소비비율(K_{ij})은 각 상품별 소비액을 총소비액으로 나눈 값이다. 관광상품별 지역소득성향(V_i)은 단양군 소재 사업체의 상품판매수입 중에서 단양군 이외의 지역으로 누출되는 지출을 차감한 값을 다시 판매수입으로 나누어 구하였다. 그리고 지역주민의 평균 소비성향(L)은 지역민의 소득 중에

서 생활비 등으로 지출한 소비비율이며, 지역의 소득성향(Y)은 단양 지역의 수입에서 역외지출을 차감한 값을 다시 지역수입으로 나눈 값이다. 지역민의 소비중 지역에서 지출한 비율(R)은 단양 지역민의 총소비지출 중에서 단양군 내에서 소비가 발생한 지출비율을 나타냈다.

3) 지역 관광고용승수 모형

단양 지역의 관광고용승수를 구하기 위해 사용한 모형은 다음과 같다. 식의 좌측 항은 관광산업의 직접고용을, 우측 항은 간접고용을 의미한다.

$$A \;+\; B \;\cdot\; \left[\sum_{i=1}^{n} \sum_{j=1}^{n} Q_i \, K_{ij} \, V_i \times \frac{1}{1 - L \cdot Y \cdot R} \right]$$

여기서 i : 관광상품(지출부문)의 유형

j : 관광숙박시설의 유형(호텔, 여관, 민박, 비숙박 등)

A : 단위 관광 지출당 직접 창출고용

B : 지역주민의 단위 지출당 기타 지역고용

K_{ij} : 관광객(숙박유형)별 각 관광상품에 내한 소비 비율

Q_j : 숙박유형(호텔, 여관, 민박, 비숙박 등)별 관광객 분포비율

V_i : 관광상품(지출부문)별 지역소득성향

L : 지역주민의 평균 소비성향

Y : 지역주민의 소득성향

R : 지역주민의 소비중 지역에서 지출한 비율

위 식에서 관광상품의 유형(i)은 관광객들이 소비하는 상품으로서 숙박시설도 포함하였으며, 관광숙박시설의 유형(j)은 호텔, 여관, 민박, 친구 집, 비숙박 등을 일컫는다. 관광상품 유형별 직접 창출고용(A)은 해당 관광사업체에 종사하는 고용인원을 해당 업체의 관광수입으로 나누었다. 지역민의 단위지출당 기타 지역고용 (B)은 지역의 총고용인원에서 관광사업체와 시멘트가공 및 광업에 종사하는 고용인원을 공제한 인원을 지역총매출액에서 관광사업체와 시멘트가공 및 광업의 매출액을 공제한 금액으로 나누어 계산하였다. 여기서 시멘트가공 및 광업에 관계된 고용인원과 매출액을 공제한 이유는 지역민의 단위지출이 이들 산업의 고용 및 매출에 별다른 영향을 끼치지 않을 것이라고 보았기 때문이다.

관광객별 각 관광상품에 대한 소비비율(K_i)은 각 상품별 소비액을 총소비액으로 나눈 값이며, 숙박유형별 관광객 분포비율(Q_j)은 호텔, 유스호스텔, 여관, 민박, 비숙박 등 숙박유형별 이용객 수를 총관광객 수로 나눈 값이고, 관광상품별 지역소득성향(V_i)은 각 상품별 판매수입에서 외지에서 원재료를 구입할 때 발생하는 역외 누출을 제한 값을 판매수입으로 나눈 비율이다. 지역주민의 평균 소비성향(L)은 소비액을 소득액으로 나눈 비율이고, 지역의 소득성향(Y)은 지역수입에서 역외 누출을 차감한 후 이를 지역수입으로 나눠 얻은 비율이며, 지역민의 소비중 지역에서 지출한 비율(R)은 역내소비를 총소비액으로 나누어 구했다.

제5장 분석결과 및 해석

제1절 지역 경제구조 분석

1. 지역 경제성장의 영향요인 분석

일반적으로 특정 지역의 경제는 국가 전체의 경제상태와 해당 지역의 산업구조 및 입지조건에 따라 영향을 받으므로, 단양지역의 경제성장을 결정짓는 영향요인을 규명하기 위해 변화-할당분석 (shift-share analysis)을 하였다.

변화-할당분석에서 지역의 총변화는 지역할당효과와 전국성장효과 그리고 산업구조효과의 합으로 구성된다. 여기서 지역할당효과는 전국의 여타 지역에 대비한 특정 지역의 경쟁적 위치와 지역성장의 기여도를 보여주며, 전국성장효과는 지역의 산업별 성장률이 전국 총고용 증가율과 같은 비율로 증가한다는 가정하에 지역의 고용자 수를 계산하는 것을 말하고, 산업구조효과는 전국의 특정산업구조와 지역의 산업구조를 비교함으로써 지역의 저성장산업과 고성장산업을 구분한다.

먼저 지역할당효과의 경우 충북에서는 제조업의 성장이 가장 두드러졌으며 그 밖에 도매업, 음식업, 운수관련 서비스업, 금융업, 숙박업 등의 성장도 충북지방의 성장에 기여했으며 전체적으로는 전국에 비해 54,898명의 고용이 더 증가한 것을 알 수 있었다. 그러나 단양군에서는 건설업(1,051명), 운수관련 서비스업(281명), 도매업

(144명), 숙박업(126명) 등이 지역 경제성장에 기여했을 뿐 시멘트 산업과 같은 비금속광물제조업(1,617명 고용감소), 광업(118명 고용 감소), 일반 제조업 등은 오히려 그 경쟁력을 상실하고 있었으며, 전체적으로는 2,429명의 고용이 전국에 비해 감소하였으므로 단양 군 지역경제는 시간의 경과에 따라 상대적으로 낙후되고 있음을 알 수 있었다.

다음으로 전국성장효과에 따른 고용변화를 보면, 충북은 제조업, 소매업, 기타 서비스업 등의 고용증가가 컸으며 특히 관광관련 산업의 고용증가가 눈에 띄었다. 그러나 단양군은 전국성장효과에 따라 비금속광물(2,028명), 기타 서비스업(925명), 소매업(872명) 등에서 고용증대효과가 발생했음을 알 수 있다.

마지막으로 지역의 고성장산업과 저성장산업을 파악하기 위한 산업구조효과를 보면 충북의 경우 고성장산업인 기타 서비스업, 보험업, 도매업, 음식업, 건설업 등에 의한 고용증대효과가 크게 나타났으며, 저성장산업인 제조업과 소매업 등에 의해 고용기회가 줄어들었다. 그러나 단양군은 고성장산업인 기타 서비스업, 음식업, 보험업, 도매업 등에 의한 고용증대효과가 큰 반면에 대표적인 저성장산업인 광업과 비금속광물제조업에 의한 고용기회 축소가 두드러지게 나타났다.

〈표 17〉 산업분류별 고용구조의 변화

(단위: 명)

산업분류	1986년도			1996년도		
	전국	충북	단양	전국	충북	단양
농림어업*	16,694 (3,477,000)	463 (211,800)	- (20,738)	63,497 (2,298,000)	778 (140,000)	- (13,708)
광업	92,777	4,363	1,102	35,628	1,917	305
음식료품제조업	281,148	9,963	179	327,939	15,951	195
섬유/의복/모피/가죽/신발산업	1,014,418	14,087	59	677,887	13,824	25
목재 및 나무제품제조업	108,157	1,203	31	56,978	1,238	20
비금속광물제조업	131,479	9,324	3,488	162,737	12,780	2,700
기타 제조업	1,754,828	28,124	516	2,528,338	78,975	323
전기가스 및 수도사업	36,738	1,158	16	52,777	1,630	31
건설업	598,630	14,309	39	1,060,923	23,904	1,120
도매업	421,486	6,439	103	1,049,006	21,329	400
소매업	1,221,286	39,177	1,500	1,573,932	47,212	1,333
음식업	708,897	21,095	804	1,253,641	40,232	1,235
숙박업	101,079	2,682	116	122,957	3,969	267
육상/수상/항공운수업	363,127	10,006	445	573,612	15,904	374
운수관련 서비스업	46,935	691	16	176,550	4,357	341
통신업	46,188	1,609	65	118,915	3,614	155
금융업	218,079	5,510	205	317,818	8,969	304
보험업	149,201	4,617	83	466,614	11,218	182
부동산업	120,839	2,272	37	229,185	4,268	52
오락 및 문화예술서비스업	120,495	2,896	140	249,717	6,139	171
기타 서비스업	1,301,148	39,494	1,590	2,908,103	89,772	3,032
관광관련 산업	2,561,819	76,547	3,021	3,950,409	117,813	3,721
전 체	8,856,629 (12,313,935)	219,482 (430,819)	10,534 (31,272)	14,006,754 (16,241,257)	408,070 (547,202)	12,565 (26,273)

주*: 여기서 사용된 자료는 해당 사업체에 고용된 종사자 수를 기준으로 하였으므로 자영업에 속하는 농림업 부문의 취업인구는 제외하였음. 단, 괄호 안은 자영업인 농림업에 종사하는 취업자 수를 반영한 수치임.

자료: 통계청 자료관리과. 통계청(1997), 「한국통계연감」, 경제기획원 조사통계국(1989), 「주요 경제지표」, 단양군(1997). 「통계연보」.

〈표 18〉 충청북도의 변화 – 할당분석

(단위: 명)

산업분류	고용변화			
	총고용변화	지역할당효과	전국성장효과	산업구조효과
농림어업	315 (-71,800)	-715 (18)	269 (123,162)	761 (-194,980)
광업	-2,446	242	2,537	-5,225
음식료품제조업	5,988	4,330	5,793	-4,135
섬유/의복/모피/가죽/신발산업	-263	4,410	8,192	-12,865
목재 및 나무제품제조업	35	604	700	-1,269
비금속광물제조업	3,456	1,239	5,422	-3,205
기타 제조업	50,851	38,454	16,354	-3,957
전기가스 및 수도사업	471	-34	673	-168
건설업	9,595	-1,455	8,321	2,729
도매업	14,889	5,303	3,744	5,842
소매업	8,035	-3,277	22,781	-11,469
음식업	19,137	2,927	12,267	3,943
숙박업	1,287	706	1,560	-979
육상/수상/항공운수업	5,897	98	5,818	-19
운수관련 서비스업	3,666	1,758	402	1,506
통신업	2,005	-529	936	1,598
금융업	3,459	939	3,204	-684
보험업	6,602	-3,221	2,685	7,138
부동산업	1,996	-41	1,321	716
오락 및 문화예술서비스업	3,243	137	1,684	1,422
기타 서비스업	50,278	1,502	22,966	25,810
관광관련 산업	**41,266**	**2,349**	**44,512**	**-5,595**
전 체	188,496 (116,381)	53,377 (54,110)	127,629 (250,522)	7,490 (-188,251)

주: 괄호 안은 자영업인 농림업에 종사하는 취업자 수를 반영한 값임.
자료: 통계청 자료관리과.

〈표 19〉 단양군의 변화 - 할당분석

(단위: 명)

산업분류	고용변화			
	총고용변화	지역할당효과	전국성장효과	산업구조효과
농림어업	(-7,030)	(2)	(12,059)	(-19,091)
광업	-797	-118	641	-1,320
음식료품제조업	16	-14	104	-74
섬유/의복/모피/가죽/신발산업	-34	-14	34	-54
목재 및 나무제품제조업	-11	4	18	-33
비금속광물제조업	-788	-1,617	2,028	-1,199
기타 제조업	-193	-420	300	-73
전기가스 및 수도사업	15	8	9	-2
건설업	1,081	1,051	23	7
도매업	297	144	60	93
소매업	-167	-600	872	-439
음식업	431	-187	468	150
숙박업	151	126	67	-42
육상/수상/항공운수업	-71	-329	259	-1
운수관련 서비스업	325	281	9	35
통신업	91	-12	38	65
금융업	99	5	119	-25
보험업	98	-78	48	128
부동산업	16	-18	22	12
오락 및 문화예술서비스업	31	-119	81	69
기타 서비스업	1,442	-522	925	1,039
관광관련 산업	**700**	**-828**	**1,757**	**-228**
전 체	2,032 (-4,998)	-2,429 (-2,427)	6,125 (18,184)	-1,664 (-20,755)

주: 괄호 안은 자영업인 농림업에 종사하는 취업자 수를 반영한 값임.
자료: 통계청 자료관리과.

결과적으로 1986년부터 1996년의 10년간에 걸쳐 단양군의 총인구는 62,031명에서 43,654명으로 총 18,377명의 지역인구가 감소하였으나, 지역 고용인구는 오히려 2,032명의 순 고용증가가 나타났다. 이러한 고용증가는 주로 전국성장효과(6,125명 증가)에 의해 발생하였으며, 지역할당효과(2,429명 감소)와 산업구조효과(1,664명 감소)는 매우 부정적으로 나타났다. 특히 여타 지역에 비교하여 단양군의 상대적 경쟁력을 나타내 주는 지역할당효과의 경우 2,429명의 고용기회감소를 초래하였다. 따라서 단양군 지역경제는 경쟁력 있는 산업의 도입을 시급히 추진하지 않을 경우 시간이 경과함에 따라 지역경제의 상대적인 낙후성은 더욱 심화될 것으로 보인다.

다음으로 농림어업과 같이 자영업에 종사하는 노동인구를 총 고용인구에 포함시킬 경우 단양군의 고용은 지난 10년간 4,998명이 감소하였다. 이는 단양군의 농업이 전국성장효과 측면에서는 비록 12,059명의 고용증가를 가져왔지만, 산업구조효과 측면에서는 농업이 저성장산업에 속해있었으므로 19,091명의 고용감소를 초래하였기 때문이었다. 여기서 전국성장효과 측면에서 증가된 고용 역시 실제는 전국의 여타 지역의 농업인구 감소폭이 단양군에 비해 컸으므로 단양군의 농업이 전국에서 차지하는 비중이 상대적으로 늘어난 결과일 뿐이었다.

이상과 같은 결과를 종합할 때 1986년부터 지난 10년간 단양군의 고용기회를 축소시킨 산업은 농업, 비금속광물제조업, 광업, 제조업, 소매업 등의 순이고, 100인 이상의 고용기회 증대를 통하여 지역경제성장을 주도해 온 산업은 기타 서비스업, 건설업, 음식업, 운수관련 서비스업, 도매업, 숙박업 등이므로 이들 성장산업을 중심으로 경제개발전략을 검토해야 할 것이다.

2. 지역 산업 특화도 분석

　단양군의 특화산업을 파악하기 위해서는 입지상 분석을 통해 단양군의 각종 산업을 전국의 해당 산업과 비교함으로써 상대적인 전문화 또는 특화 정도를 알아볼 수 있다. 분석결과 입지계수가 1보다 큰 산업은 단양군의 수출산업(특화산업)이 될 것이며, 입지계수가 1이면 해당 산업은 자급자족 수준에 불과한 산업이고, 1보다 작으면 해당 산업이 생산하는 제품은 외부에서 수입하는 산업으로 간주된다.

　입지상 분석결과 우선 충북지역의 주요 수출산업은 담배제조업과 비금속광물제조업, 광업 등이며 그중에서 담배제조업의 입지계수는 1986년의 7.99에서 1996년에는 4.68로 크게 낮아졌다(〈표 20〉 참조).

〈표 20〉 충북과 단양군의 입지상 분석

산업분류	충청북도		단양군	
	1986년	1996년	1986년	1996년
농림어업	0.95	0.42	-	-
	(1.74)	(1.81)	(2.35)	(3.69)
광업	1.90	1.85	9.99	9.54
음식료품제조업	1.43	1.67	0.54	0.66
섬유/의복/모피/가죽/신발산업	0.56	0.70	0.05	0.04
목재 및 나무제품제조업	0.45	0.75	0.24	0.39
비금속광물제조업	2.86	2.70	22.30	18.49
기타 제조업	0.65	1.07	0.25	0.14
전기가스 및 수도사업	1.27	1.06	0.37	0.65
건설업	0.96	0.77	0.05	1.18
도매업	0.62	0.70	0.21	0.43
소매업	1.29	1.03	1.03	0.94

산업분류	충청북도		단양군	
	1986년	1996년	1986년	1996년
음식업	1.20	1.10	0.95	1.10
숙박업	1.07	1.11	0.96	2.42
육상/수상/항공운수업	1.11	0.95	1.03	0.73
운수관련 서비스업	0.59	0.85	0.29	2.15
통신업	1.41	1.04	1.18	1.45
금융업	1.02	0.97	0.79	1.07
보험업	1.25	0.83	0.47	0.43
부동산업	0.76	0.64	0.26	0.25
오락 및 문화예술서비스업	0.97	0.84	0.98	0.76
기타 서비스업	1.22	1.06	1.03	1.16
관광관련 산업	1.21	1.02	0.99	1.05

주: 괄호 안은 자영업인 농림업에 종사하는 취업자 수를 반영한 값임.
자료: 통계청 자료관리과.

한편 단양지역의 경우 입지계수가 가장 큰 주요 수출산업은 비금속광물제조업(18.49)과 광업(9.54)이었다. 그리고 농업은 10년 전의 1.81에서 3.69로 크게 높아졌는데 이는 단양군 농업의 경쟁력이 향상된 것에 기인한 것이 아닌 것으로 보인다. 즉 본 연구에서 사용한 통계자료가 산출량기준이 아닌 고용인구 기준이며, 전국의 농업인구 감소율이 단양군보다 높았기 때문에 상대적으로 단양군의 농업인구 비중이 전국에 비해 높게 나타났기 때문으로 해석할 수 있다.

그 밖에 단양군에서 주목할 만한 산업은 숙박업과 운수관련 서비스업으로서 숙박업의 입지계수는 1986년의 0.96에서 1996년에는 2.42로 크게 높아졌고, 운수관련 서비스업 역시 0.29에서 2.15로 대폭 증가하였다. 그러나 단양군은 내륙 산악지역이라는 입지적 제약 때문에 제조업의 입지로는 불리할 것이라는 서론에서의 추측대로 단양군 제조업 입지계수는 대단히 낮게 나타났다. 즉 단양군의 제조업은 주요 수입산업으로 판명되었다.

그러나 소매업, 숙박업, 음식업, 운수업, 운수관련 서비스업, 오락 및 문화예술 서비스업 등 전체적인 관광관련 산업의 입지계수는 10년 전의 0.99에 비해 다소 향상된 1.05를 보였지만, 관광산업을 지역의 대안산업으로 육성하려는 단양군의 기대에 비해 대단히 낮음을 알 수 있었다. 특히 음식업, 소매업, 오락 및 문화예술 서비스업 등의 입지계수가 0.76~1.10으로 낮은 수준임을 감안하면 단양군은 숙박업 이외에는 관광객들의 소비를 유발시킬 만한 산업이 없음을 알 수 있었다.

다음으로 단양군과 속초시의 관광산업에 고용된 순수 관광고용인구를 비교함으로써 단양군 관광고용구조의 상대적 위치를 확인해 보았다(〈표 21〉 참조). 계산방법은 입지계수 중 지역이 자체적으로 소비하는 부분(1)을 공제한 수출계수를 구하고 여기에 해당 산업의 전체 고용인구를 곱한 값을 다시 입지계수로 나눔으로써 순수 관광고용인구를 구했다. 가장 많은 순수관광고용을 창출한 산업은 운수관련 서비스업으로 182명의 관광고용을 창출했으며, 다음으로 숙박업(157명)과 음식업(112명)의 순이었다. 속초시는 숙박업(1,815명), 음식업(1,394명), 소매업(1,345명), 오락문화(671명), 운수업(405명) 등에서 순수관광고용을 창출하였다.

결과적으로 단양군의 순수관광고용인구 451명은 전체 고용인구(12,565명)의 3.6%에 불과한 반면에 속초시의 순수관광고용인구(5,630명)는 전체(16,725명)의 33.7%에 달하였으므로, 단양군의 관광산업은 속초시와 비교할 때 초보적인 수준에 불과함을 알 수 있었다. 각 지출부문별로 단양군 관광산업의 문제점을 확인하기 위해

〈표 22〉와 같이 관광비용의 지출구조를 비교하였다.

〈표 21〉 단양군과 속초시 관광관련 산업의 순수관광고용 비교

(단양군 1996년, 속초시 1991년 기준)

업 종	입지상계수		수출계수		고용인구		순수관광고용	
	단양	속초	단양	속초	단양	속초	단양	속초
소 매 업	0.94	1.64	-	0.64	1,333	3,447	-	1,345
음 식 업	1.10	2.06	0.10	1.06	1,235	2,710	112	1,394
숙 박 업	2.42	10.70	1.42	9.70	267	2,002	157	1,815
육상/수상/항공운수업	0.73	1.69	-	0.69	374	992	-	405
운수관련 서비스업	2.15	0.48	1.15	-	341	57	182	-
오락/문화예술서비스업	0.76	1.70	-	0.70	171	1,630	-	671
총 계	-		-		3,721	10,838	451	5,630

주1) 입지계수로부터 지역에서 자체 소비하는 부분(1)을 공제한 나머지를 수출계수라고 명명하였으며, 이 부분이 해당 산업의 역외수출 기여분임.
  2) (수출계수×해당 산업 고용인구)/입지계수＝순수관광고용인구.
자료: 속초시 자료는 이미혜(1993)의 전게논문을 참고하여 계산한 결과임.

〈표 22〉 단양군과 속초시 주요 관광비용 지출구조 비교

구 분	소매점	식당	숙박	유흥오락	기타
단양군	6.7	30.6	13.4	3.0	46.3
속초시	18.4	19.5	29.1	11.9	21.1

자료: 본 연구의 단양군 설문조사 분석결과와 이미혜(1993) 전게논문의 내용을 재구성.

비교적 관광기반시설이 잘 구비된 속초시에서는 숙박비를 제외하고 모든 지출부문에 걸쳐 고르게 분포되어 있는 반면에 단양군의 관광객은 식비와 숙박비를 제외하고는 기념품구입이나 식음료 등 소매점에서 지출하는 비용과 유흥오락비 부문에서 열세를 보이고 있다. 따라서 단양군에서는 소매업과 유흥오락업 부문의 활성화가 앞으로의 관광경제 활성화의 관건으로 판단된다.

따라서 단양군 지역경제의 활성화를 위해서는 변화 - 할당분석에서 지역의 주요 성장산업으로 판명된 기타 서비스업, 건설업, 음식업, 운수관련 서비스업, 도매업, 숙박업 중에서 입지계수가 비교적 높게 나타난 기타 서비스업, 건설업, 음식업, 운수관련 서비스업, 숙박업 등의 수출산업을 중심으로 지역경제 성장전략을 강구하는 것이 바람직하다.

제2절 지역 관광객의 비용 지출 형태

1. 관광객 이용행태 분석

단양군의 주요 관광지는 남한강 수계를 따라 형성되어 있으며 단양나루와 고수동굴, 도담삼봉 등 신단양 시가지 주변에 전체 단양 관광객의 53.7%가 집중되었다. 특히 관광객들이 가장 즐겨 찾는 관광거점은 고수동굴과 도담삼봉이며, 이 밖에 구인사, 장회나루의 순으로 많은 관광객이 방문하였다.

그리고 대부분의 관광거점지는 수도권에서 온 관광객이 주류를 이루었으나 대구/경북 출신 관광객(33.3%)과 수도권에서 온 관광객(30.6%)으로 구성된 구인사의 경우 대부분의 관광객은 종교목적으로 구인사를 방문하였다.

〈표 23〉 주요 관광거점별 방문객

관광거점	구인사	장회나루	단양나루	고수동굴	소백산	도담삼봉	상선암	합계
관광객 수	36	27	21	49	16	38	14	201
방문비율	17.9	13.4	10.4	24.4	8.0	18.9	7.0	100.0

자료: 단양군 설문조사 분석결과, 1998. 4. 25.

단양군을 찾는 관광객의 여행동반형태는 친구나 친지와 동행한 관광객이 36.3%로서 가장 많은 비중을 차지하였으며, 다음으로 직장이나 계모임 또는 종교순례 목적의 단체관광객이 31.4%를 차지하였고, 가족 단위의 관광객이 25.7%를 차지하였다. 그러나 유스호스텔 2개소를 이용하는 학생 단체관광객을 포함할 경우 단양군을 찾는 단체관광객의 비율은 42.0%에 달하였다.[36]

따라서 단양군을 찾는 관광객의 여행동반형태는 내륙산악지역이라는 비슷한 입지적 여건을 가진 강원도 정선군보다는 비교적 관광기반시설이 잘 갖춰진 속초시에 가까운 것으로 나타났다. 즉, 여행동반형태가 가족, 친구나 친지, 단체 등 비교적 다양한 형태를 보이고 있다.

---

36) 단양군에는 2개의 유스호스텔이 있으며 이들 시설의 운영책임자들을 면접조사한 결과 연평균 222천 명(월평균 18,500명)의 학생들이 유스호스텔을 이용하는 것으로 나타났다. 그러나 이들 학생들은 대부분 유스호스텔 구내에서 연수활동을 하므로 주요 관광지에서 행해진 본 설문조사와 단양군에서 집계한 관광객 이동통계조사에는 포함되지 않았다. 한편 단양군을 찾는 연간 이동관광은 4,877천 명(1996년도 기준)이며 이들은 평균 4곳의 관광지를 방문(한범수 외(1998), 단양군 관광진흥전략 및 주요 지역 관광개발계획, 단양군, p.261)하므로, 실제 단양군을 찾은 순 관광객은 1,219천 명으로 추정된다. 따라서 연간 기준으로 유스호스텔을 이용하는 관광객 222천 명은 단양군 전체 관광객의 18.2%를 점유한다고 볼 수 있으므로 단양군 단체관광객 비율을 조정하면 42.0%가 된다.
[산출근거: (1,219천 명×31.4%+222천 명)/(1,219천 명+222천 명)]

〈표 24〉 여행동반형태별 관광객 분포

(단위: %)

구 분	가족	친구/친지	단체	기타
충북 단양군	25.7	36.3	31.4	6.7
강원 속초시	28.2	21.4	48.3	2.2
강원 정선군	60.1	32.0	2.2	5.7

자료: 단양군 설문조사 분석결과, 1998. 4. 25, 박석희 외(1997), 「농산촌 수변공
　　　간의 관광자원개발 모형정립에 관한 연구」, 한국관광연구원(1995), 「설
　　　악산 관광객 이용성향조사」.

다음으로 거주지별 관광객 분포를 보면, 서울, 인천, 경기를 포함
한 수도권에 거주하는 관광객이 38.4%를 차지하였으며 경북, 경남,
충북이 각각 18.4%, 14.7%, 10.0%씩의 관광객을 송출하였다. 따라
서 강원도 속초시나 정선군과 비교할 때 우리나라 중심부에 위치한
단양군은 지역별로 고른 관광객 분포를 보였으므로, 관광시장이 비
교적 안정되어 있음을 알 수 있었다. 특히 대구, 경북지역 관광객의
48%는 구인사를 목적지로 택하였다.

〈표 25〉 거주지별 관광객 분포

(단위: %)

구 분	수도권	충북	충남	강원	경북	경남	전북	전남	기타
충북 단양군	38.4	10.0	4.9	5.7	18.4	14.7	3.2	1.7	3.0
강원 속초시	67.5	7.5	3.1	7.2	4.1	7.5	0.9	0.7	0.3
강원 정선군	77.1		4.6		10.8	5.0		2.5	0

자료: 단양군 설문조사 분석결과, 1998. 4. 25, 박석희 외(1997), 상게서, 한국
　　　관광연구원(1995), 상게서.
주: 기타 란은 제주 2명과 외국인 36명임.

숙박유형별 관광객 분포를 보면 단양군을 찾은 관광객 중 79.4%는 당일 관광객이고 나머지 20.6%만이 숙박관광객이었다. 이와 같이 단양군의 숙박관광 비율은 정선군(81.9%)이나 속초시(94.0%)에 비교할 때 대단히 낮은 것으로 나타났는데 그러한 낮은 숙박률은 단양군이 최종 관광 목적지가 아니라 충주, 수안보, 제천으로 이어지는 충주호 유람관광코스의 중간 기착지에 불과하며, 또한 단양군 내 숙박을 유도할 만한 특징적인 관광상품이 없기 때문인 것으로 보인다.[37]

〈표 26〉 숙박유형별 관광객 분포

(단위: %)

구 분	당일관광	숙박시설					
		호텔	콘도	여관	민박	친구/친지	기타
충북 단양군	79.4	4.3	-	4.8	7.8	3.0	0.7
강원 속초시*	6.0	7.0	56.7	14.1	8.2	2.1	5.9
강원 정선군**	18.1	-	-	-	6.6	2.5	72.8

주: 속초시와 정선군 조사 자료는 일부 조정하여 사용하였음.
   * 속초시의 경우 나머지는 산장, 야영 등 기타 숙박시설 이용률임.
   ** 정선군은 야영(67.1%)과 관광농원숙박시설(5.7%)의 이용률이 높았음.
자료: 단양군 설문조사 분석결과, 1998. 4. 25, 박석희 외(1997), 전게서, 한국
     관광연구원(1995), 전게서.

단양군 관광객의 분포를 여행목적별로 보면, 관광 목적의 방문이 89.2%로 절대다수를 차지하였고, 종교순례 목적과 업무출장의 방문

---

[37] 속초시의 경우 충분한 숙박시설과 다양한 관광활동이 가능한 지역이며, 관광객 주요 송출시장인 수도권으로부터 원거리에 위치한 최종 목적지이기 때문에 높은 숙박률을 보였다. 그러나 정선군의 경우 비록 숙박률이 높게 나타났지만 대부분의 관광객이 야영을 하였으므로 실제 경제적 효과는 미미할 것으로 보인다.

은 각각 3.9%, 3.1%씩 차지하였으며, 친지방문을 포함한 기타 목적
의 관광객은 3.9%로 나타났다. 그러나 구인사를 찾은 관광객들도
그들의 여행목적을 대부분 관광으로 응답한 점을 보면 종교와 관광
을 동시에 추구하는 겸목적 관광이 많은 것으로 보인다.

한편 단양군을 방문한 관광객의 동반자 집단의 크기를 파악하기
위해 '1~5인', '6~10인', '10인 이상'으로 구분하였다. 즉, 승용차 1
대에 탑승하여 쉽게 이동이 가능한 소집단(1~5인), 승용차 2대 또
는 승합차에 탑승할 수 있는 중집단(6~10인), 승합차 또는 버스에
탑승하여 방문하는 대집단(10인 이상)으로 방문객을 구분한 결과,
설문 응답자의 77.6%에 해당하는 절대다수의 관광객이 승용차를
이용하여 단양군을 방문하였고, 버스 등의 교통수단을 이용해 단체
로 방문한 응답자의 비율은 12.9%에 불과하였다.

그러나 그들 설문 응답자의 동행인을 모두 반영한 총원 개념으로
계산해 보면, 소집단의 점유율은 29.9%에 불과한 반면 동행인이 10
인 이상인 대집단의 구성비가 전체 관광객의 58.4%에 달하였다. 즉,
단양군을 방문하는 전체 관광객의 과반수는 버스 등을 이용한 단체
관광객임을 알 수 있었다.

〈표 27〉 동행규모별 관광객 분포

(단위: 명, %)

구 분	소집단(1~5인)	중집단(6~10인)	대집단(10인 이상)
단 양 군	29.9	11.7	58.4

자료: 단양군 설문조사 분석결과, 1998. 4. 25.

2. 관광비용 지출구조 분석

1) 지출항목별 지출구조

단양군 관광객의 1인당 평균 비용 지출을 지출항목별로 숙박비, 식비, 유흥오락비, 쇼핑비, 교통비 등으로 나누어 보면, 식비가 1인 당 30.6%(5,875원)으로 가장 큰 비중을 차지하였으며, 차량연료비 가 16.6%(3,191원), 유람선 탑승료와 동굴입장료 등의 시설 이용료 가 13.5%(2,581원), 숙박비 13.4%(2,565원) 등의 순이었으며, 관내 교통비(3.2%)나 유흥오락비 등의 비중은 상대적으로 낮게 나타났 다. 특히 숙박시설, 쇼핑시설, 위락시설 등 각종 관광기반시설이 잘 구비된 속초시나 혹은 백암온천과 비교할 때 단양군은 유흥오락비 와 숙박비의 비중이 상대적으로 낮게 나타났다.

<표 28> 지출항목별 비용 지출구조 비교

(단위: %, 원)

구 분	숙박비	식비	유흥오락비	쇼핑비	교통비	기타	관광객 1인당 평균 지출액
충북 단양군	13.4	30.6	3.0	14.4	19.8	18.8	19,177
강원 속초시	20.8	18.4	15.1	13.7	16.8	15.2	121,403
경북 백암온천	40.8	21.5	25.2	11.8	-	-	65,017
강원 정선군	45.2	36.1	-	-	4.8	13.9	8,411

주 1) 쇼핑비는 기념품구입비와 소매점에서 구입하는 비용을 합산하였으며, 기타 란은 시설이용료, 입장료 등을 포함하였음.
　　2) 백암온천의 경우 교통비(별도처리)를 제외한 지출비율임.
자료: 단양군 설문조사 분석결과, 1998. 4. 25, 박석희 외(1997), 전게서, 한국 관광연구원(1995), 전게서, 김두철(1991), 전게논문, p.49.를 조정.

뿐만 아니라 단양군 관광객의 1인당 평균 관광비용 지출 19,177
원은 속초시의 15.8%, 백암온천의 29.5% 불과하였는데, 이는 단양
군의 경우 숙박관광객의 비율이 대단히 낮기 때문인 것으로 보인
다. 그러나 관광기반시설이 극히 취약한 강원도 정선군보다는 높게
나타났으나 큰 의미는 없다. 왜냐하면 정선군 아우라지 지역의 경
우 관광편의시설이 거의 없으며 대다수 관광객이 비용부담이 없는
야영을 하므로 그 관광비용을 단양군과 단순비교하는 것은 큰 의미
가 없기 때문이다.

2) 숙박유형별 지출구조

단양군 관광객의 관광비용 지출을 숙박유형별로 구분해 보면 〈표
29〉와 같다. 먼저 관광객 1인당 평균 지출 총액을 보면, 숙박관광객
의 지출총액은 49,423원으로 당일(비숙박) 관광객의 11,336원에 비
하여 약 4.4배 높게 나타났다. 숙박과 비숙박을 구분하지 않고 전체
평균 비용 지출금액을 계산하면 관광객 1인당 19,177원을 단양지역
에서 지출하였다.

한편 숙박관광객 중에서는 호텔에 투숙한 관광객의 지출금액이
59,444원으로 가장 높았으며, 다음으로 여관(51,833원), 유스호스텔
(50,000원), 민박(49,082원), 친구/친지 집(32,105원)에 숙박한 관광
객의 순으로 나타났다. 결과적으로 단양군 관광수입을 증대시키기
위해서는 관광객 소비단가가 높은 숙박관광객을 어떻게 확보하느냐
에 의해 좌우된다고 볼 수 있다.

당일 관광객의 경우 가장 높은 비용 지출이 발생한 곳은 식비 항
목으로 전체 비용의 38.9%를 지출하였으며, 이 밖에 시설이용료와
기념품구입에도 비용의 지출이 크게 나타났다. 그러나 숙박관광객의

경우 가장 많은 비용 지출은 숙박비 부문으로 전체 비용의 25.2%에 달하는 12,461원을 지출하였다. 다음으로는 식비(23.3%), 차량연료비 (18.4%), 식료품구입비(11.3%) 등의 순이었다.

한편 〈표 29〉에서 나타난 한 가지 특이한 사항은 기념품구입비 항목을 제외한 모든 지출항목에서 숙박관광객의 절대 지출금액이 당일 관광객보다 월등히 높게 나타났으나, 기념품구입비 항목만큼 은 당일 관광객의 구입액(1인당 1,406원)이 숙박관광객(1인당 808 원)보다 오히려 1.7배 높게 나타났다는 사실이다. 따라서 기념품 판 매점은 당일 관광객이 주로 방문하는 장소나 교통요충지 등을 중심 으로 배치하는 것을 검토해야 한다.

〈표 29〉 숙박유형별 관광객 1인당 평균 비용 지출구조

(단위: 원, %)

비 목	구 분	당일 관광객	숙 박 관 광 객						전체 평균
			숙박 평균	호텔	여관	유스 호스텔	친구/ 친집	민박	
숙 박 비	금액	0	12,461	23,148	13,167	13,000	0	10,918	2,565
	%	0.0	25.2	38.9	25.4	26.0	0	22.2	13.4
식 비	금액	4,406	11,538	11,667	14,333	13,000	3,947	12,551	5,875
	%	38.9	23.3	19.6	27.7	26.0	12.3	25.6	30.6
식료품비	금액	409	5,615	6,111	2,333	3,000	11,316	5,408	1,481
	%	3.6	11.3	10.3	4.5	6.0	35.2	11.0	7.7
유흥오락비	금액	130	2,308	926	2,833	0	2,632	2,857	578
	%	1.1	4.7	1.6	5.4	0	8.2	5.8	3.0
기념품 구입비	금액	1,406	808	741	1,000	1,000	526	816	1,283
	%	12.4	1.6	1.2	1.9	2.0	1.6	1.7	6.7
시설이용료	금액	2,273	3,769	5,370	5,000	3,000	1,842	2,959	2,581
	%	20.0	7.6	9.0	9.6	6.0	5.7	6.0	13.5
교 통 비	금액	459	1,231	1,111	833	2,000	526	1,735	618
	%	4.0	2.5	1.8	1.6	4.0	1.6	3.5	3.2

비 목	구 분	당일 관광객	숙 박 관 광 객						전체 평균
			숙박 평균	호텔	여관	유스 호스텔	친구/ 친집	민박	
차량연료비	금액	1,655	9,115	5,185	11,167	13,000	8,684	9,796	3,191
	%	14.6	18.4	8.7	21.5	26.0	27.0	20.0	16.6
기 타	금액	598	2,577	5,185	1,167	2,000	2,632	2,041	1,006
	%	5.3	5.2	8.7	2.2	4.0	8.2	4.2	5.2
합 계	금액	11,336	49,423	59,444	51,833	50,000	32,105	49,082	19,177
	%	100.0	100.0	100.0	100.0	100.0	100.0	100.0	100.0

자료: 단양군 설문조사 분석결과, 1998. 4. 25.

3) 여행목적별 지출구조

여행목적별 단양 관광객의 전체 관광비용 지출구조는 〈표 30〉과 같다. 표에서 가장 많은 관광비용을 지출하는 집단은 업무출장의 목적으로 단양군을 방문한 사람으로서 평균 관광비용 지출 19,177 원보다 2.9배 높게 나타났다. 그리고 순수관광 목적으로 단양군을 찾은 사람의 경우 평균 관광비용 지출을 약간 상회하는 것으로 분석되었고, 종교목적의 관광객들은 평균 관광비용 지출의 절반에도 못 미치는 46.8%의 비용만을 단양지역에서 소비하였을 뿐이었다.

138

〈표 30〉 여행목적별 관광객 1인당 평균 비용 지출구조

(단위: 원, %)

비 목	구 분	순수관광	종교순례	업무출장	기타	전체
숙 박 비	금액	2,496	0	8,461	2,041	2,565
	%	13.7	0	15.3	9.3	13.4
식 비	금액	5,986	3,061	8,974	3,673	5,875
	%	32.8	34.1	16.3	16.8	30.6
식료품비	금액	1,057	1,020	5,897	8,163	1,481
	%	5.8	11.4	10.7	37.4	7.7
유흥오락비	금액	506	0	2,564	1,224	578
	%	2.8	0	4.7	5.6	3.0
기념품구입비	금액	1,403	0	1,026	0	1,283
	%	7.7	0	1.9	0	6.7
시설이용료	금액	2,691	0	3,333	2,041	2,581
	%	14.7	0	6.0	9.3	13.5
교 통 비	금액	533	1,224	1,026	1,632	618
	%	2.9	13.6	1.9	7.4	3.2
차량연료비	금액	2,655	3,265	19,744	2,245	3,191
	%	14.5	36.4	35.8	10.3	16.6
기 타	금액	933	408	4,103	816	1,006
	%	5.1	4.5	7.4	3.7	5.2
합 계	금액	18,259	8,980	55,128	21,837	19,177
	%	100.0	100.0	100.0	100.0	100.0

자료: 단양군 설문조사 분석결과, 1998. 4. 25.

순수관광객들의 관광비용 지출은 식비가 총비용의 32.8%인 1인당 5,986원을 지출하였으며, 시설이용료(14.7%), 차량연료비(14.5%), 숙박비(13.7%) 등의 순으로 비용을 지출하였다. 그러나 주요 관광비용 지출 항목 중의 하나인 유흥오락비의 비중은 속초시의 15.1%와 비교할 때 매우 낮은 수준임을 알 수 있다.

다음으로 종교순례목적의 관광객들은 숙박비가 전혀 기록되지 않았다. 이와 같이 숙박비가 발생하지 않는 이유는 이들 관광객들이 사찰에서 숙박을 하거나 혹은 당일 관광객이었기 때문이다. 또한 이들은 유흥오락비, 기념품구입비, 시설이용료 등의 지출항목에도 전혀 비용을 쓰지 않는 것으로 조사되었으며, 다만 식비와 교통비 관련 항목의 지출만 발생하였다. 따라서 단양군의 관광수입을 높이기 위해서는 이들 종교목적의 관광객들을 상대로 관광수입을 증대시키는 방안도 강구되어야 할 것이다.

한편 업무출장 목적의 관광객은 가장 많은 관광비용을 지출하고는 있으나 단양군 차원에서 이들 업무출장 관광객의 비중을 인위적으로 증대시킬 수 없는 점을 감안할 때 단양군 관광마케팅의 초점은 역시 순수관광 목적의 관광객과 종교순례 목적의 관광객으로 맞춰져야 한다.

4) 동반유형별 지출구조

여행동반자 유형별 관광객 1인당 평균 관광비용 지출구조는 〈표 31〉과 같다. 총비용 측면에서 가장 많은 비용을 지출하는 유형은 가족 단위 관광객으로 전체 평균보다 4,700원 많은 1인당 23,877원씩의 관광비용을 지출하였다. 다음은 친구 또는 친지로 구성된 관광객으로 이들 역시 1인당 23,472원씩을 지출하였다. 그러나 계모임이나 친목모임 또는 직장 단위의 단체 관광객들은 전체 평균 관광비용 지출의 54.4~63.5%에 불과한 적은 비용만을 지출하였다. 따라서 단양군을 방문하는 전체 관광객 중에서 10인 이상으로 구성된 단체 관광객의 비중이 58.4%인 점을 감안한다면 이들의 관광비용 지출을 증대시키는 노력이 없는 한 단양군의 관광수입 증대는 요원할 것으로 보인다.

　동반 유형별로 보면, 가족이나 친구 또는 친지 단위로 단양군을
방문하는 관광객들은 식비의 구성비율이 가장 높고(30.1~36.6%),
다음으로 차량연료비(19.1~21.0%), 숙박비(13.9~15.5%), 시설이용
료(10.8~11.1%)의 순이었다. 유흥오락비와 역내 교통비 등의 비중
은 대체로 낮게 나타났다.

　그러나 단체 관광객 중 계모임이나 친목모임의 경우 동굴입장료
등의 시설이용료가 가장 높은 비중을 차지하였고 다음으로 기념품
구입비와 식대 등의 순으로 많은 비용을 지출하였다. 또한 직장단
체의 경우 숙박비, 식비, 식료품비, 시설이용료 등이 비교적 고르게
나타났으나 절대금액은 가족이나 친지 단위의 관광객보다 현저히
적었다. 특히 차량연료비, 식비, 기념품구입비 등의 비중이 낮다는
사실은 이들 단체 관광객들이 출발지에서 준비한 대절버스편으로
단양군에 도착하여 미리 준비한 음식으로 식사를 하고 지역상품이
나 기념품 등에 대한 별다른 구매행위도 없이 귀향하는 것으로 해
석될 수 있다. 이와 같은 내용은 설문조사 중에 목격한 단체관광객
들의 노상식사 모습에서 충분히 확인할 수 있다.

〈표 31〉 여행동반자 유형별 관광객 1인당 평균 비용 지출구조

(단위: 원, %)

비 목	구 분	가족	친구	모임	직장	기타	전체
숙 박 비	금액	3,692	3,253	0	2,174	1,786	2,565
	%	15.5	13.9	0	20.8	12.4	13.4
식 비	금액	8,738	7,074	3,396	1,848	3,333	5,875
	%	36.6	30.1	27.9	17.7	23.1	30.6
식료품비	금액	831	1,441	1,274	1,902	3,810	1,481
	%	3.5	6.1	10.5	18.2	26.4	7.7
유흥오락비	금액	431	1,004	0	109	1,310	578
	%	1.8	4.2	0	1.0	9.1	3.0
기념품구입비	금액	923	1,223	3,491	109	0	1,283
	%	3.9	5.2	28.7	1.0	0	6.7
시설이용료	금액	2,646	2,533	3,538	1,848	1,786	2,581
	%	11.1	10.8	29.1	17.7	12.4	13.5
교 통 비	금액	492	1,135	0	272	595	618
	%	2.1	4.8	0	2.6	4.1	3.2
차량연료비	금액	5,015	4,476	330	761	1,667	3,191
	%	21.0	19.1	2.7	7.2	11.6	16.6
기 타	금액	1,108	1,332	141	1,413	119	1,006
	%	4.6	5.7	1.2	13.5	0.8	5.2
합 계	금액	23,877	23,472	12,170	10,435	14,405	19,177
	%	100.0	100.0	100.0	100.0	100.0	100.0

자료: 단양군 설문조사 분석결과, 1998. 4. 25.

한편 관광객들을 동반규모별로 동행자 수가 1～5인 규모의 소집단, 6～10인 규모의 중집단, 10인 이상의 대집단으로 구분하여 관광객 1인당 평균 관광비용 지출구조를 분석해 보면 〈표 32〉와 같다. 표에서 보면 집단의 규모가 작아질수록 그들이 지출하는 관광비용의 크기는 커지는 반비례 관계를 보였다.

동반규모가 1～5인 규모의 소집단인 경우 관광객 1인당 평균 관광비용 지출은 37,857원으로 전체 평균의 2배에 달하는 관광비용을

지출하였다. 지출항목별로 보면 식비(25.4%)와 차량연료비(24.4%)가 전체의 절반을 차지하고 있으며, 다음으로 숙박비(16.8%), 시설이용료(9.7%), 식료품구입비(7.6%) 등의 순으로 나타났다. 즉 단양군에서 숙박과 식사를 하고 승용차로 이동하면서 비교적 활발하게 관광활동에 참여하는 것으로 보인다.

〈표 32〉 동반규모별 관광객 1인당 평균 비용 지출구조

(단위: 원, %)

비 목	구 분	소집단 (1~5인)	중집단 (6~10인)	대집단 (11인 이상)	전 체
숙 박 비	금액	6,376	2,905	543	2,565
	%	16.8	10.7	6.8	13.4
식 비	금액	9,630	11,216	2,877	5,875
	%	25.4	41.2	36.0	30.6
식료품비	금액	2,884	1,959	665	1,481
	%	7.6	7.2	8.3	7.7
유흥오락비	금액	1,746	135	68	578
	%	4.6	0.5	0.8	3.0
기념품구입비	금액	1,111	2,095	1,208	1,283
	%	2.9	7.7	15.1	6.7
시설이용료	금액	3,677	4,257	1,682	2,582
	%	9.7	15.6	21.0	13.5
교 통 비	금액	1,085	2,230	54	618
	%	2.9	8.2	0.7	3.2
차량연료비	금액	9,233	2,297	271	3,191
	%	24.4	8.4	3.4	16.6
기 타	금액	2,116	135	611	1,006
	%	5.6	0.5	7.6	5.2
합 계	금액	37,857	27,230	7,978	19,177
	%	100.0	100.0	100.0	100.0

자료: 단양군 설문조사 분석결과, 1998. 4. 25.

그리고 동행인이 6~10인 규모의 중집단의 지출구조는 식비(41.2%)가 단연 가장 많은 비중을 차지하였고, 다음으로 시설이용료(15.6%), 숙박비(10.7%)의 순이었다. 따라서 이들 집단은 숙박보다는 식사를 즐기면서 동굴이나 유람선을 타고 기념품을 구매하는 등의 활발한 관광활동을 하는 것으로 보인다. 왜냐하면 시설이용료나 기념품구입비가 다른 집단보다 금액 면에서도 많기 때문이다.

마지막으로 10인 이상의 대집단의 지출구조를 보면 중집단과 마찬가지로 식비(36.0%), 시설이용료(21.0%), 기념품구입비(15.1%)가 총지출의 72.1%를 차지한다. 그러나 대집단이 실제로 지출하는 절대금액은 중집단의 3분의 1에 불과할 만큼 실제 지출액은 적었다. 특히 차량연료비와 교통비는 중집단의 7.2%, 소집단의 3.1%에 불과하므로 이들의 교통수단이 외지에서 임차한 대절버스임을 간접적으로 알 수 있었다.

5) 방문장소별 지출구조

구인사를 찾은 관광객의 주요 지출항목은 식비, 기념품구입비, 시설이용료 등이며 유흥오락비, 식료품비, 숙박비 등은 거의 지출하지 않는 것으로 나타났다. 즉 구인사 관광객은 종교목적의 관광객으로서 매식비중과 기념품구입비의 비중이 단양군 관광객 중에서 가장 높았다. 또한 유흥오락비 등에 비용 지출을 절제하면서도 각종 시설사용료 비중이 높게 나타난 점은 이들의 단양군 방문목적이 경건한 종교순례와 관광을 동시에 추구하는 겸목적 관광객임을 알 수 있었다.

장회나루를 찾는 관광객은 식비와 시설이용료 등의 비용 지출이 모든 관광객 중에서 가장 높았고 차량연료비도 비교적 높은 점으로 볼 때 승용차를 이용하면서 유람선을 타고 장회나루 인근의 식당을 이용하는 것으로 볼 수 있다. 반면에 단양나루터의 관광객들은 1인당 관광비용 지출 총액이 가장 적었다. 이는 설문에 응답한 상당수 관광객들이 단양나루에 일시 기착한 충주-신단양 간 충주호 유람선 승객이었기 때문으로 보인다.

고수동굴을 방문한 관광객은 대체적으로 관광비용 지출 측면에서 거의 평균적인 경향을 보였다. 고수동굴이 입장료를 받는 관계로 비교적 시설사용료 항목의 비중이 높았으며 기념품 구입비도 금액이나 비중 면에서 구인사의 뒤를 이었다. 그리고 도담삼봉을 방문한 관광객들은 가장 많은 비용을 지출하였으며, 특히 숙박비, 식비, 식료품비, 차량연료비 등의 지출이 우세하였다.

소백산과 상선암, 중선암, 하선암을 찾는 관광객들은 소매점 등에서 지출하는 식료품구입비의 비중이 높게 나타났다. 소백산 관광객의 경우 등반에 소요되는 필요물품 구매와 소백산 국립공원 입장료의 지출이 눈에 띠었으며, 상선암 지역 관광객은 식비, 시설이용료, 기념품구입비 등의 비중과 절대금액이 낮은 점, 차량연료비, 유흥오락비, 식료품구입비의 비중이 높은 점 등을 고려하면 승용차를 타고 그 지역에 도착하여 자체 취사를 하며 관광을 즐기는 방문객임을 알 수 있다.

〈표 33〉 방문장소별 관광객 1인당 평균 비용 지출구조

(단위: 원, %)

비 목	구 분	구인사	장회나루	단양나루	고수동굴	소백산	도담삼봉	상선암	전 체
숙박비	금액	878	3,446	2,162	1,976	2,708	6,275	4,496	2,565
	%	6.0	10.7	23.5	9.8	18.4	16.8	19.6	13.4
식 비	금액	6,287	10,896	2,770	6,519	3,889	8,824	3,953	5,875
	%	43.0	33.8	30.1	32.4	26.4	23.7	17.2	30.6
식료품	금액	180	1,791	878	1,209	2,917	3,431	2,946	1,481
	%	1.2	5.6	9.6	6.0	19.8	9.2	12.8	7.7
유흥 오락비	금액	90	746	405	177	833	1,863	1,705	578
	%	0.6	2.3	4.4	0.9	5.7	5.0	7.4	3.0
기념품 구입비	금액	2,395	1,194	338	1,711	0	686	310	1,283
	%	16.4	3.7	3.7	8.5	0	1.8	1.4	6.7
시설 이용료	금액	2,216	4,328	1,824	3,864	1,875	3,039	543	2,581
	%	15.2	13.4	19.9	19.2	12.7	8.2	2.4	13.5
교통비	금액	749	149	270	236	1,597	1,373	233	618
	%	5.1	0.5	2.9	1.2	10.8	3.7	1.0	3.2
차량 연료비	금액	1,407	5,821	203	3,392	417	10,000	7,054	3,191
	%	9.0	18.0	2.2	16.9	2.8	26.8	30.7	16.6
기 타	금액	419	3,881	338	1,032	486	1,765	1,705	1,006
	%	2.9	12.0	3.7	5.1	3.3	4.7	7.4	5.2
합 계	금액	14,621	32,252	9,189	20,118	14,722	37,255	22,946	19,177
	%	100.0	100.0	100.0	100.0	100.0	100.0	100.0	100.0

자료: 단양군 설문조사 분석결과, 1998. 4. 25.

6) 거주지별 지출구조

단양군을 방문한 관광객들의 거주지별 특성은 〈표 34〉와 같다. 서울, 인천, 경기를 포함한 수도권의 관광객들은 식비의 지출이 29.5%로 가장 많은 부분을 차지하였으며, 다음으로 차량연료비와 숙박비의 순으로 나타났다. 전체 지출 중에서 식비 항목의 지출이 가장 큰 지역은 전남(54.4%), 경북(48.1%), 충북(24.0%) 등이었으

며, 시설이용료 지출이 가장 큰 비중을 차지한 지역은 강원(31.3%), 제주 및 외국인(28.2%), 충남(26.4%) 등이었다. 전체적으로는 식비와 차량연료비, 시설이용료, 숙박비 등의 지출비중이 큰 것으로 나타났다.

〈표 34〉 거주지별 관광객 1인당 평균 비용 지출구조

(단위: 원, %)

비 목 구 분		수도권	충북	충남	강원	경북	경남	전북	전남	기타	전체
숙박비	금액	3,258	2,381	3,387	1,111	991	2,204	3,415	5,714	4,474	2,565
	%	15.6	12.9	17.4	11.9	6.7	11.7	23.7	10.5	14.5	13.4
식 비	금액	6,165	4,444	3,871	2,361	7,155	4,247	3,170	29,524	6,842	5,875
	%	29.5	24.0	19.8	25.4	48.1	22.5	22.0	54.4	22.2	30.6
식료품	금액	1,505	4,286	1,774	139	474	914	2,927	1,905	1,053	1,481
	%	7.2	23.2	9.1	1.5	3.2	4.8	20.3	3.5	3.4	7.7
유흥 오락비	금액	763	1,111	806	139	86	430	1,220	476	0	578
	%	3.6	6.0	4.1	1.5	0.6	2.3	8.5	0.9	0	3.0
기념품 구입비	금액	680	317	323	1,111	1,293	2,150	0	3,809	9,734	1,283
	%	3.3	1.7	1.7	11.9	8.7	11.4	0	7.0	31.6	6.7
시설 이용료	금액	2,124	1,587	5,161	2,917	1,767	3,172	1,220	5,714	8,684	2,581
	%	10.1	8.6	26.4	31.3	11.9	16.8	8.5	10.5	28.2	13.5
교통비	금액	763	794	161	0	948	53	1,220	952	0	618
	%	3.6	4.3	0.8	0	6.4	0.3	8.5	1.8	0	3.2
차량 연료비	금액	4,124	2,222	3,226	1,528	1,853	4,516	1,220	5,714	0	3,191
	%	19.7	12.0	16.5	16.4	12.5	23.9	8.5	10.5	0	16.6
기 타	금액	1,546	1,349	806	0	302	1,183	0	476	0	1,006
	%	7.4	7.3	4.1	0	2.0	6.3	0	0.9	0	5.2
합 계	금액	20,928	18,492	19,516	9,306	14,871	18,871	14,390	54,286	30,789	19,177
	%	100.0	100.0	100.0	100.0	100.0	100.0	100.0	100.0	100.0	100.0

자료: 단양군 설문조사 분석결과, 1998. 4. 25.

제3절 관광관련 사업체의 수익률과 누출률

1. 관광관련 사업체별 매출원가와 수익률

단양군 관광관련 사업체별 매출원가 구성비는 〈표 35〉와 같다. 표를 보면, 매출원가 중에서 원자재구입비는 주유소가 95.0%로 가장 높았으며, 이어서 도매업소(81.2%), 소매업소(67.9%), 기념품점(55.2%), 음식점(53.4%) 등이 높게 나타났다. 그러나 유흥업소(1.7%), 여관(6.7%), 민박업(10.0%) 등의 원자재 매입비중은 상당히 낮은 것으로 조사되었다.

〈표 35〉 관광사업체별 매출원가 구성비와 수익률

(단위: %)

항목 업종	원자재구입비	종사원 급여	제세공과금	임대료	수익률
호 텔	31.0	58.6	32.9	25.9	-48.4
유스호스텔	23.7	27.2	7.9	12.0	29.2
여 관	6.7	-	39.5	7.9	45.9
민 박	10.0	-	20.0	-	70.0
음 식 점	53.4	21.4	9.6	4.9	10.7
주 유 소	95.0	1.5	0.8	-	2.7
기념품점	55.2	-	5.1	5.5	34.2
유흥업소	1.7	-	20.9	59.8	17.6
소매업소	67.9	6.3	9.7	2.1	14.0
도매업소	81.2	4.0	1.0	-	13.8

주: 제세공과금 항목은 전화 및 전기사용요금, 연료비, 각종 세금 및 부담금 등을 포함하였으며, 임대료 항목에는 상가임대료 외에 지급이자 등을 포함하였음.
자료: 단양군 설문조사 분석결과, 1998. 4. 25~5. 2.

그리고 상대적으로 종사원 의존도가 높은 호텔(58.6%)과 유스호스텔(27.2%), 음식점(21.4%) 등의 업종에서는 종사원 급여의 지출 비중이 높았으며, 가족구성원이 영업을 담당하는 여관, 민박, 주유소, 기념품점 등과 당구장이나 노래방 등의 유흥업소에서는 그 비중이 거의 없거나 대단히 낮게 나타났다.

다음으로 전화 및 전기사용요금, 각종 세금 및 부담금, 연료비 등을 포함한 제세공과금 항목이 전체 비용 지출 중에서 많은 부분을 차지하였다. 특히 여관(39.5%)과 호텔(32.9%), 유흥업소(20.9%), 민박(20.0%)에서 큰 비중을 차지하였는데 이는 단양군 지역의 관광산업이 극심한 불황을 겪고 있는 데 반하여 시설유지를 위해 불가피하게 지출한 때문이었다.

임대료 지출부문에서는 유흥업소가 총매출의 59.8%를 지출하였으며, 호텔과 유스호스텔은 지급이자의 지출이 많았다. 반면에 여관, 민박, 음식점, 주유소, 도소매업소 등은 소규모의 자가영업의 형태를 띠고 있으므로 임대료나 지급이자의 지출이 적었다.

결과적으로 단양군 관광관련 사업체별 매출액 중에서 위에서 언급한 원자재구입비, 종사원 급여, 제세공과금, 임대료 등 매출원가를 공제한 차액의 비율, 즉 수익률은 〈표 35〉의 오른쪽과 같다. 수익률이 가장 높은 사업체는 민박업으로 70.0%의 수익률을 기록하였으며, 다음으로 여관업(45.9%), 기념품점(34.2%)의 순이고, 최근 부도 여파로 극심한 경영난을 겪고 있는 호텔의 경우 매출액 대비 48.4%의 적자를 기록하였다.

2. 관광관련 사업체별 누출률

단양군에서 발생된 관광객의 비용 지출 중 일부는 수입원재료 대금, 외지에 거주하는 종사원이나 건물주에게 지급하는 급여 또는 임대료, 외지인 소유의 사업체에서 발생한 사업소득의 외지 과실송금 등의 형태로 외부로 누출된다. 그리고 총 관광소득 중에서 이러한 누출률을 차감한 비율은 지역소득화율이 된다. 각 사업체별로 매출액 대비 누출률을 비교해 보면 〈표 36〉과 같다.

〈표 36〉 사업체별 매출액 대비 누출률과 구성요소

(단위: %)

항 목 업 종	누출률					지역 소득화율
	원자재	급 여	임대료/이자	과실송금	합 계	
호 텔	22.4	27.6	-	-	50.0	50.0
유스호스텔	10.5	12.0	12.0	21.1	55.6	44.4
여 관	6.7	-	-	-	6.7	93.3
민 박	-	-	-	-	-	100.0
음 식 점	9.4	0.7	3.5	10.5	24.1	75.9
주 유 소	95.0	-	-	-	95.0	5.0
기념품점	55.2	-	1.9	-	57.1	42.9
유흥업소	1.7	-	59.8	-	61.5	38.5
소매업소	53.4	-	2.1	-	55.5	44.5
도매업소	81.2	-	-	-	81.2	18.8

주: 항목별 누출률은 단양 이외의 지역에서 구입하는 원자재 구입비, 단양 밖에 거주하는 종사원과 건물주 또는 업주에게 지급한 급여, 임대료 및 이자, 과실송금(순이익) 등임.
자료: 단양군 설문조사 분석결과, 1998. 4. 25~5. 2.

누출률이 가장 큰 사업체는 주유소로서 총수입의 95.0%가 외부로 누출되고 있었다. 다음으로 도매업소의 누출률은 81.2%에 달하며, 호텔, 유스호스텔, 기념품점, 유흥업소, 소매업소 등의 누출률은 50.0%~61.5%에 이르고 있다. 반면에 민박업은 외부로의 누출이 전혀 발생하지 않았으며, 여관은 총수입의 6.7%만이 누출되었고 음식업은 24.1%로 나타났다.

누출의 원인을 항목별로 살펴보면, 원자재 구매에 따른 누출이 가장 큰 비중을 차지하였다. 즉 단양군의 입지적 제약으로 인해 석유류와 생활용품 등 역내에서 소비하는 대부분의 공산품을 외부에서 수입하였기 때문이었다. 그러나 민박업과 여관업 등과 같이 원자재 비중이 낮거나 음식점업과 같이 소요 원자재의 상당 부분을 역내에서 조달하는 업종의 경우 누출률이 비교적 낮게 나타났다.

그리고 관광객 전체 지출의 13.5%를 차지하는 시설이용료의 경우 이용빈도가 높은 시설의 소유주가 외지인인 까닭에 대부분 단양군 밖으로 누출되고 있었다. 즉 외지인 소유인 고수동굴에 전체 시설이용자의 54%가 집중되었으며, 동굴은 유지비와 인건비의 비중이 여타 산업보다 낮으므로 수익률은 매우 높았다. 또한 시설이용자의 32%를 점유하는 유람선업 역시 4개 업소 중 1개 업소의 소유주만이 단양지역에 거주하였으므로 수익의 상당 부분이 외지로 누출되었다.

반면에 단양군이 관광사업체에서 징수하는 세입(제세공과금)은 모두 단양군에 귀속되어 즉시 세출로 집행되므로 전혀 누출이 없었다. 즉 단양군의 낮은 재정자립도(21.5%) 때문에 국세와 도세 명목으로 징수한 세금이 외부로 누출되지 않고 그대로 교부금 등의 명목으로 전환되어 단양군에 지원되었으며, 오히려 여타 도시지역에서 징수한 국세와 지방세의 일부가 단양군에 추가로 지원되고 있었다.

〈표 37〉 단양군과 타 지역의 누출률 비교

구　분	단양군	속초시	백암온천
호　텔	50.0	15.4	73.3
여　관	6.7	12.4	54.2*
소매업소	53.4	28.5	-
도매업소	81.2	56.8~71.5	-

주: 백암온천 여관의 누출률은 여관, 민박, 노점 등을 포함한 값임.
자료: 단양군 설문조사 분석결과, 1998. 4. 25~5. 2.
　　　이미혜(1993), 전게논문, p.97. 김두철(1991), 전게논문, p.52.

　　한편 강원도 속초시(이미혜, 1993:97)의 누출률과 비교할 때, 전반적으로 단양군의 누출률이 높은 것으로 나타났다. 일련의 부도사태와 경기침체에 의한 경영악화로 인해 정상적 영업이 불가능한 단양군 호텔의 경우 속초시의 호텔보다 누출률이 3배 이상 높았다. 단양군의 소매점 역시 소요물품을 단양군에 소재한 도매점에서 구입하기도 하지만 상당량은 인접한 제천이나 영주 등지에서 원재료를 직접 구입하였기 때문에 누출률이 속초시의 두 배에 이르렀다. 또한 도매점에서 필요하는 상품 역시 모두 외지에서 구입하기 때문에 단양군 도매업소의 누출률이 속초시보다 높았다. 다만 매출원가 중에서 원재료 비중이 적고 소유주가 단양주민이고 대부분 가족구성원의 노동력으로 운영되는 여관업만 단양군의 누출률이 속초시보다 낮은 것으로 조사되었다.
　　그러나 백암온천의 경우 대규모 역외자본에 의해 설립된 숙박업체가 백암지역에 주입되는 전체 관광객 총지출의 81.5%를 차지하고 있다. 따라서 백암온천지역의 누출률은 가장 높게 나타났다.

제4절 지역 관광승수 분석

1. 연간 관광객 총산출액

연간 관광객 총산출액은 제4장에서 제시한 바와 같이 숙박관광객의 총지출액, 당일 관광객의 총지출액, 그리고 유스호스텔의 연간 총매출액을 합산하여 추계하였다. 추계결과 단양군에서 발생하는 연간 관광객 총산출액은 16,912백만 원이었으며, 세부 내역은 〈표 38〉과 같다.

숙박유형별로는 당일 관광객이 단양지역 내에서 연간 8,495백만 원을 지출하고 있으며 이는 총산출액의 50.2%를 점유한다. 다음으로 유스호스텔을 이용하는 관광객들이 총산출액의 28.0%에 달하는 연간 4,729백만 원을 지출하며, 여관에서 숙박하는 관광객과 민박 관광객은 모두 6.6%에 해당하는 1,122백만 원과 1,120원씩을 지출한다. 친구나 친지 집에서 숙박하는 관광객이 340백만 원으로서 전체에서 가장 낮은 2.0%를 차지하였다. 그리고 현재 비정상적인 영업을 하고 있는 관광호텔의 경우 어느 정도 영업이 정상화되었다고 가정하고 산출액을 계산한 결과 총산출액의 6.5%에 달하는 연간 1,106백만 원의 소득을 최소한 올릴 수 있을 것으로 예상되었다.

여기서 숙박유형별 관광객 1인당 1일 평균 지출액을 비교해 보면, 당일 관광객은 11,336원에 불과한 반면 호텔 관광객은 1인당 하루에 27,394원을 소비함으로써 당일 관광객 소비지출의 2.4배를 지출한 것으로 나타났다. 또한 여관이나 유스호스텔 등에서 숙박하는 관광객들의 평균 지출도 모두 20,000원을 상회하였다. 반면 민박집

에서 숙박하는 관광객은 비교적 저렴한 비용으로 여행을 즐기는 것
으로 나타났으며, 친구나 친지 집에서 숙박하는 관광객은 숙박비가
지출되지 않기 때문에 당일 관광객과 비슷한 비용을 지출하였다.

〈표 38〉 숙박유형별 연간 관광객 총산출액

숙박유형	구 분	비율(%)	체재(일/인)	관광객(명/년)	평균 소비액(원/인. 일)	숙박유형별 산출액(백만 원, %)	
당일 관광객		79.41	1.00	749,376	11,336	8,495	50.2
숙박관광객	호 텔	4.28	2.17	40,390	27,394	1,106	6.5
	여 관	4.75	2.07	44,825	25,040	1,122	6.6
	친구/친지 집	3.01	2.68	28,405	11,979	340	2.0
	민 박	7.76	3.21	73,230	15,290	1,120	6.6
	유스호스텔(일반)	0.79	2.00	7,454	25,000	186	1.1
유스호스텔(학생)		-	-	224,500	20,234	4,543	26.9
합 계		100.0	1.33	1,168,180	14,5722)	16,912	100.0

주1) 관광객 설문조사와 유스호스텔 면접 조사에 따르면, 학생 단체객은 연간 224,500
명이 이용하며, 학생 단체객이 없는 주말과 공휴일에는 소수의 일반 관광객이 이
용(전체 단양관광의 0.79%인 연간 7,454명)하고 있다. 따라서 유스호스텔의 총
산출액은 학생단체를 기준으로 유스호스텔 측에서 밝힌 매출액과 일반 관광객의
비용 지출을 별도로 계산하였다.
주2) 여기서 1인당 평균 소비액 14,572원은 1일 기준이므로 앞 절에서 밝힌 19,177원
(전체 관광객의 평균 비용 지출)보다는 낮다.

그러나 속초시와 단양군의 총산출액을 〈표 39〉와 같이 비교해 보
면, 속초시에서는 객단가가 상대적으로 큰 콘도와 호텔숙박객들이
지역 관광객 총산출액에 기여하는 비율이 98%를 넘었다. 그러나
단양군에서는 객단가가 낮은 당일 관광객의 기여도가 50.2%로 가
장 높았으므로 결국 총방문객 수에 비하여 단양군의 연간 관광객
총산출액이 낮게 나타났다. 이외에도 속초시의 관광객 1인당 1일
평균 소비지출액은 26,461원으로 단양군 관광객의 14,572원보다

1.82배 많은 금액을 지출하였다.[38] 이는 관광객들의 소비지출을 유도할 수 있는 관광상품이 단양군이 속초시에 비하여 부족함을 반증하는 것이다.

따라서 단양군이 관광소득을 증대시키기 위해서는 현재 건설 중인 630실 규모의 콘도를 조속히 개장하고 아울러 비정상적으로 영업 중인 호텔을 정상화시킴으로써 객단가가 높은 숙박관광객을 적극 유치해야 할 것이다.

〈표 39〉 단양군과 속초시 숙박시설의 연간 관광객 총산출액 기여도

(단위: %)

구 분	당일	호텔	콘도	유스호스텔	여관	민박
단양군	50.2	6.5	-	28.0	6.6	6.6
속초시	-	35.4	62.9	-	1.7	0.1

자료: 단양군 설문분석결과, 1998. 이미혜(1993) 전게논문, p.109.

2. 지역 관광소득승수

〈표 40〉에는 지역 관광소득승수의 계산에 필요한 지역주민의 평균 소비성향, 지역의 소득성향, 지역민의 단위지출당 지역 내 소비지출 비율 등을 다른 지역과 비교하였다. 우선 지역주민의 평균 소비성향(L)은 단양군이 0.75로서 단양군에 거주하는 지역주민은 그들이 얻는 수입의 75%를 소비하는 것으로 나타났다. 즉 단양군민의 소비성향이 속초시민(0.56)이나 백암온천 주민(0.61)보다 높음을

---

[38] 1993년도 기준 속초시 관광객의 1인당 1일 평균 지출비용 19,357원(이미혜, 1993:68)에 GNP 디플레이터 136.7을 곱하여 얻은 값임.

알 수 있었다.

그리고 지역의 소득성향(Y)은 단위매출당 지역의 소득으로 얼마나 남는가를 알아보는 비율로서 단양군과 백암온천이 비슷한 값을 보였다. 즉 단양군에서 얻는 판매수입 중에서 원자재 구입비, 지급이자, 외지거주 종사원 급여 등의 명목으로 외부에 누출되는 비율을 공제하면 실제로 판매수입의 36%만이 단양군의 소득으로 귀속됨을 의미한다. 여기서 속초시는 의미상 다소 차이가 있는 지출부문별 속초시 지출률(0.179)을 적용하였으므로 비교가 불가능하였다.

한편 지역민의 총소비액 중에서 지역 내에서 지출한 비율(R)은 속초시가 0.89로 가장 높았으며, 단양군은 0.82였고, 백암온천은 0.64로 가장 낮았다. 즉 속초시와 단양군에 거주하는 주민들은 그들의 지출 중 82~89%를 지역 내에서 소비하는 반면에 전형적인 산지의 작은 마을인 백암온천 주민은 소비액의 상당 부분을 외부에서 지출하는 관계로 지역 내 소비율이 가장 낮게 나타났다.

이와 같은 지역주민의 평균 소비성향, 소득성향, 지역 내 지출률 등의 곱은 다름 아닌 케인즈 기본승수모형($1/(1-r)$)의 한계소비성향(r)에 해당하므로 이 값이 클수록 승수가 커짐을 알 수 있다. 따라서 단양군의 지역소비성향은 0.2214로 속초시(0.0897)와 백암온천(0.1288~0.1679)에 비해 상대적으로 크므로 관광상품별 소득성향만 높다면 높은 지역 관광소득승수를 기대할 수 있을 것이다.[39]

---

39) 속초시의 경우 속초시 소매업소의 평균 지출률(0.179)로 지역소득성향(Y)을 대신하였으므로 r값이 단양군의 0.36이나 백암온천의 0.33~0.43보다 크게 낮게 나타났다. 따라서 평균 지출률이 아닌 지역소득성향으로 대입할 경우 실제 속초시의 r 값과 지역 관광소득승수 값은 크게 높아질 것이다.

156

〈표 40〉 지역별 소비성향, 소득성향, 역내 지출비율

구 분	단양군	속초시	백암온천
지역주민의 평균 소비성향(L)	0.75	0.56	0.61
지역의 소득성향(Y)*	0.36	0.18	0.33~0.43
지역민의 소비중 지역에서 지출한 비율(R)	0.82	0.89	0.64

주: 백암온천의 소득성향(Y)은 숙박업체(0.33)와 일반 업체(0.43)를 분리하여
   계산한 반면 단양군은 통합하여 계산하였음. 속초시는 속초시 소매업소의
   평균 지출률이며 이는 지역의 소득성향과는 다소 거리가 있음.
자료: 단양군 설문조사 자료, 1998. 4. 24~5. 2. 이미혜(1993), 전게논문,
   p.111, 김두철(1991), 전게논문, p.78.

    이상과 같은 결과를 근거로 단양군 전체의 관광소득승수를 계산
한 결과 0.70으로 추정되었다(〈표 41〉 참조). 각 관광상품별로는 숙
박시설의 경우 호텔업의 관광소득승수가 0.64, 여관업 1.20, 유스호
스텔 0.57, 민박 1.28이었다. 이를 역외 누출률과 관련지어 고찰하면,
숙박업 중에서는 역외 누출이 거의 발생하지 않는 민박업의 관광소
득승수가 가장 높았으며, 다음으로 여관업의 승수가 높게 나타났다.
즉 역외 누출률이 상대적으로 높은 호텔이나 유스호스텔 등의 숙박
업체는 관광소득승수가 지역 전체 관광소득승수인 0.70보다도 낮음
을 알 수 있었다.

    그리고 관광상품의 유형별로 소득승수를 살펴보면, 음식업의 관
광승수가 0.97로 가장 높았는데 이는 식재료의 상당 부분을 역내에
서 조달하고, 대부분의 종사원이 단양군에 거주하는 주민으로 구성
되었기 때문인 것으로 보인다. 그러나 잡화 및 식료품 등을 취급하
는 일반 소매업의 승수는 0.57로서 기념품점의 0.55와 비슷한 값을
보였다. 이는 일반 소비재와 기념품 등을 모두 외부에서 구매하므
로 단양군 지역은 인건비 정도의 소득을 얻는 것을 의미하였다. 유
흥업소 역시 관광소득승수는 0.49로 낮았는데 이는 국가적인 불경

기에 의해 영업수입이 줄어든 반면 외지인 건물소유주에 대해 지급한 임대료 등 고정비가 과대했기 때문으로 보인다.

〈표 41〉 관광상품별 소득승수

상품 유형	숙박유형	관광상품별			지역 주민	부문별 관광소득승수
		구성비	소비율	소득성향		
숙박비	비숙박(당일)	0.641	0.000	-		-
	호 텔	0.035	0.389	0.500		0.64
	여 관	0.038	0.254	0.933		1.20
	유스호스텔(일)	0.006	0.260	0.444		0.57
	유스호스텔(학)	0.192	1.000	0.444		0.57
	친구/친지 집	0.024	0.000	-		-
	민 박	0.063	0.222	1.000		1.28
식비	비숙박(당일)	0.641	0.389			
	호 텔	0.035	0.196			
	여 관	0.038	0.277	0.759		0.97
	유스호스텔(일)	0.006	0.260			
	친구/친지 집	0.024	0.123			
	민 박	0.063	0.256			
식료품비	비숙박(당일)	0.641	0.036		$L = 0.75$	
	호 텔	0.035	0.103			
	여 관	0.038	0.045	0.445	$Y = 0.36$	0.57
	유스호스텔(일)	0.006	0.060			
	친구/친지 집	0.024	0.352		$R = 0.82$	
	민 박	0.063	0.110			
유흥오락비	비숙박(당일)	0.641	0.011			
	호 텔	0.035	0.016			
	여 관	0.038	0.054	0.385		0.49
	유스호스텔(일)	0.006	0.000			
	친구/친지 집	0.024	0.082			
	민 박	0.063	0.058			
기념품구입비	비숙박(당일)	0.641	0.124			
	호 텔	0.035	0.012			
	여 관	0.038	0.019	0.429		0.55
	유스호스텔(일)	0.006	0.020			
	친구/친지 집	0.024	0.016			
	민 박	0.063	0.017			

상품유형	숙박유형	관광상품별			지역주민	부문별 관광소득승수
		구성비	소비율	소득성향		
시설이용료	비숙박(당일)	0.641	0.200	0.247		0.32
	호 텔	0.035	0.090			
	여 관	0.038	0.096			
	유스호스텔(일)	0.006	0.060			
	친구/친지 집	0.024	0.057			
	민 박	0.063	0.060			
차량연료비	비숙박(당일)	0.641	0.146	0.050	$L=0.75$ $Y=0.36$ $R=0.82$	0.06
	호 텔	0.035	0.087			
	여 관	0.038	0.215			
	유스호스텔(일)	0.006	0.260			
	친구/친지 집	0.024	0.270			
	민 박	0.063	0.200			
교통비기타	비숙박(당일)	0.641	0.093	0.360		0.46
	호 텔	0.035	0.105			
	여 관	0.038	0.038			
	유스호스텔(일)	0.006	0.080			
	친구/친지 집	0.024	0.098			
	민 박	0.063	0.077			

전체 관광소득승수: 0.70

주: 시설이용료의 소득성향은 입장료나 이용료를 징수하는 유료시설을 기준으로, 그 수입의 귀속처가 단양군인 시설을 이용하는 이용객 수를 전체 이용객 수로 나눈 값임.

　동굴관람시설업과 유람선업의 승수는 0.32로서 상당히 낮았다. 관광객이 가장 많이 찾는 고수동굴의 경우 외지인이 소유 운영하는 관계로 입장료 수입의 대부분이 외지로 유출되었다. 또한 유람선의 경우도 장회나루를 제외한 모든 업체의 소유주가 외지인이었으므로 소득승수가 낮게 도출되었다. 따라서 단양군지역에서 시설이용료와 관련된 소득승수를 높이려면 단양군 또는 단양주민 소유인 온달동굴, 천동동굴, 노동동굴 등의 이용을 촉진시켜야 할 것이다.

그리고 차량유류대로 관광객이 지출하는 비용은 종사원의 임금 정도만 단양지역 내로 유입될 뿐 나머지는 원료구입비 명목으로 외지로 누출되기 때문에 지역경제에 끼치는 승수효과는 극히 미미한 형편이었다.

3. 관광고용승수

단양군에서 최종 수요가 한 단위 증가할 때 발생하는 직접고용효과 즉, 직접고용승수는 전체 산업의 경우 0.0085로 나타났다. 이는 단양군에 소재한 산업체의 매출액이 1억 원 증가할 때 0.85명의 새로운 고용이 창출됨을 의미하였다. 업종별로는 광업이 0.0101, 비금속 광물제품 제조업이 0.0038, 관광산업이 0.0246, 기타 산업이 0.0067 등이었으며, 관광산업이 가장 높은 직접고용을 창출하였다.

〈표 42〉 산업부문별 직접고용승수와 관광고용승수

(단위: 명, 백만 원)

구 분		고용인원	매출액	직접고용승수
전체 산업(T)		12,565	1,474,970	0.0085
광업(M)		305	30,352	0.0101
비금속광물제품제조업(N)		2,700	717,216	0.0038
관광 관련 산업 (A)	소매업	1,333	47,687	0.0280
	숙박/음식점업	1,502	30,590	0.0491
	육상/수상운송업	374	14,799	0.0252
	여행알선/운수관련 서비스업	341	54,612	0.0062
	오락/문화/운동관련 사업	171	3,866	0.0442
	소 계	3,721	151,554	0.0246
기타 산업($B=T-M-N-A$)		5,839	575,848	0.0067

관광고용승수: 0.0293 (0.0246 + 0.0067×0.70)

자료: 단양군(1997), 「사업체기초통계조사보고서」.

관광산업 중에서는 숙박업과 음식업이 0.0491로 전체 산업에서 가장 높게 나타났으며, 다음으로 오락, 문화 및 운동관련 사업이 0.0442로 높았다. 육상 및 수상운송업은 관광산업 평균과 비슷한 0.0252였으며, 여행알선 및 운수관련 서비스업은 가장 낮은 0.0062를 기록하였다.

한편 관광산업의 경우 이상과 같은 직접고용승수 외에 간접고용 승수가 0.0047이었는데 이는 관광수입이 지역 내의 여타 산업으로 이전되면서 창출시킨 고용을 의미한다. 따라서 관광산업의 직접고용승수와 간접고용승수를 합친 총고용승수는 0.0293으로서 이는 단양군에 1억 원의 관광수입이 발생할 때 2.93명의 직·간접 고용이 창출됨을 의미한다. 간접 관광고용승수를 직접 관광고용승수로 나누면 0.1910으로서 이는 직접고용이 1단위 증가할 때 간접고용이

0.1910명 증가함을 나타낸다.

다음으로 단양군의 관광고용승수를 연간 관광객 총산출액에 대입시켜 실제 고용창출 효과를 측정하였다(〈표 43〉참조). 먼저 관광에 의한 단양군의 소득효과를 보면, 앞에서 산출한 연간 관광객 총산출, 즉 직접소득효과는 16,912백만 원이였으므로 여기에 지역 관광소득승수 0.70을 곱하여 간접소득효과(11,838백만 원)를 구했다. 따라서 직접고용승수 0.0246과 간접고용승수 0.0067을 각각 직·간접소득효과에 곱하면, 고용효과는 직접고용 416명, 간접고용 79명이 산출되며 전체적으로는 단양지역에 495명의 관광관련 고용이 창출되었음을 알 수 있다.

결과적으로 단양군 관광산업에 의해 창출된 직접관광고용 416명은 입지상 분석결과 파악한 단양군 지역의 순수 관광고용 451명과 유사한 값을 보였으므로 본 연구의 관광고용승수 값은 제대로 추정되었음이 확인되었다.

〈표 43〉소득효과와 고용효과 비교

구 분	단 위	직 접	+	간 접	=	전 체
소득효과	백만 원	16,912		11,838		28,750
고용승수	명/백만 원	0.0246		0.0067		0.0293
고용효과	명	416		79		495

주 1) 직접소득효과는 연간 관광객 총지출액을 의미하며, 간접소득효과는 직접소득효과에 관광소득승수(0.70)를 곱한 값임.
2) 직접고용인원은 직접소득효과×0.0246(직접고용승수), 간접고용인원은 간접소득효과×0.0067(관광 이외 산업의 고용승수) 또는 직접소득효과×0.0047(간접고용승수)을 곱하여 산출하였음.
자료: 단양군 설문조사결과, 1998. 4.

제5절 지역 관광승수 효과 비교

지금까지 살펴본 단양군 관광산업의 지역경제적 효과를 종합하면, 단양군의 관광소득승수는 0.70으로서 지역에 투입된 관광객의 지출 100원이 역내에서 순환하면서 70원만큼의 추가소득을 발생시켰음을 알 수 있었다. 즉 관광객이 단양군에서 지출한 최초 비용 16,912백만 원은 단양군의 직접소득이 되었으며, 그 소득 중에서 외부로 누출된 나머지 금액이 다시 지역 내를 순환한 결과 11,838백만 원의 간접소득을 발생시켰다. 따라서 관광으로 인해 단양군에 발생된 총소득은 28,750백만 원이었으며, 이를 가구 수(13,458가구)로 나누면 단양군은 가구당 연간 214만 원씩의 관광소득을 얻은 셈이다.

그러나 이와 같은 단순한 계산 값으로는 단양군 관광의 상대적 위치를 알 수 없으므로 논자는 〈표 44〉에서 보는 바와 같이 속초시와 백암온천의 사례를 비교하였다. 표를 보면, 단양군의 관광소득승수 0.70은 속초시의 0.93보다는 작았으나 백암온천의 0.40보다는 매우 높게 나타났다. 즉 비교적 다양한 산업구조를 지닌 속초시보다는 낮았지만 단양군보다 물리적 크기가 훨씬 작으며, 원자재의 역내 조달이 거의 이루어지지 않는 백암온천보다는 상당히 높게 나타났다.

연간 관광객 총산출효과 역시 속초시가 259,573백만 원으로 가장 높았으며, 단양군은 속초시의 11.1%에 불과한 총 28,750백만 원의 관광소득효과가 발생되었다. 그리고 단양군보다 지역규모가 작은 백암온천은 단양군의 절반에도 못 미치는 관광소득만이 발생하였다. 그러나 이들 세 지역에 대한 연구수행시점이 제각기 다를 뿐만 아니라 해당 지역의 물리적 크기 또한 차이가 있으므로 속초시와 백암온천의 관광소득효과를 모두 GNP 디플레이터를 적용해 1998년 현재가격으로 수정하였다. 그 결과 속초시의 연간 총소득효과는 금액상으로 354,836백만 원이었으며, 단양군은 속초시의 8.1%에 불과한 28,750백만 원이었고, 백암온천은 단지 5.7%에 불과하였다.

다음으로 비교기준을 통일시키기 위해 총소득효과를 가구당 소득액으로 환산하여 비교하였다. 즉 지역 주민에게 돌아가는 관광산업의 경제적 혜택이 얼마인지를 알아보기 위해 각 지역의 총소득효과를 상주인구로 나누었다. 결과적으로 가구당 연간 소득액이 가장 많은 지역은 속초시로서 1가구당 연간 16,814천 원의 관광소득을 기록하였다. 그러나 단양군의 가구당 연간 관광소득은 총소득효과가 단양군의 70.2%에 불과했던 백암온천의 3,697천 원보다도 훨씬 작게 나타났다. 단양군의 가구당 연간 총소득 2,136천 원은 속초시 가구당 수입의 12.7%에 불과하며, 심지어 백암온천의 57.8%에 불과한 작은 금액이었다.

〈표 44〉 지역별 관광소득 승수효과

(단위: 백만 원)

구 분	단양군	속초시	백암온천
관광소득승수	0.70	0.93	0.40
직접소득효과	16,912	134,494	10,009
간접소득효과	11,838	125,079	4,004
총소득효과	28,750	259,573	14,013
가구당 연평균 소득액 (천 원)	2,136	16,814	3,697
총소득효과 (수정)	28,750	354,836	20,178

주 1) 직접소득효과는 연간 관광객 총지출액을 의미하며, 간접소득효과는 직접소득효과에 관광소득승수를 곱한 값임.
   2) 속초시의 연간 관광객 총지출액은 1993년도의 속초시 방문 관광객 수 6,948,104명(속초시청 내부 자료)에 1인당 1일 평균지출액 19,357원(이미혜, 1993:68)을 곱한 결과임.
   3) 총소득효과와 가구당 연평균 소득액 '수정 값'은 속초시와 백암온천의 해당 금액에 GNP 디플레이터를 대입하여 1998년도 기준으로 수정 계산한 결과임.
   4) 직접고용인원은 직접소득효과×0.0246(직접고용승수), 간접고용인원은 간접소득효과×0.0067(관광 이외 산업의 고용승수) 또는 직접소득효과 ×0.0047(간접고용승수)을 곱하여 산출하였음.
자료: 단양군 설문조사결과, 1998. 4. 김두철(1991), 전게논문, p.79.

이와 같이 지역의 물리적 크기를 고려할 때 단양군의 관광산업은 현재 그 생산성이 대단히 낮은 것으로 나타났다. 이는 속초시와 백암온천을 찾는 관광객들이 객단가가 높은 숙박 관광객임에 반하여 단양군은 당일 관광객의 비율이 월등히 많았기 때문에 발생한 현상인 것이다. 따라서 단양군이 관광소득을 높이기 위해서는 당일관광 목적지에서 벗어나 숙박관광 목적지로 전환해야 하며, 또한 외부 누출을 예방함으로써 관광소득효과를 극대화시키는 작업이 필요하다.

뿐만 아니라 1996년도 기준으로 단양군의 총관광소득을 단양군의 주력산업인 시멘트산업과 비교해 보면, 총관광소득 28,750백만 원은 시멘트산업을 포함한 군내 제조업 총산출액 749,087백만 원의 3.8%에 불과하였다. 결과적으로 이상과 같은 논의를 종합하면 현재 단양군의 관광산업이 지역경제에 기여하는 비중은 크지 않은 것으로 사료된다.

다음으로 단양군, 속초시, 백암온천, 남서 태평양에 위치한 Cook Islands, 영국의 Anglesey 지방의 관광승수 중에서 비교가 가능한 업종의 소득승수를 〈표 45〉에 표시하였다. 우선 호텔의 경우 단양군과 속초시 호텔 모두 소유주가 외지인이었으나, 소득승수는 단양군이 0.64로 속초시의 0.93보다 훨씬 낮게 나타났다. 이처럼 단양군의 호텔이 낮은 소득승수를 보이고 있는 것은 현재 적자상태의 영업을 하고 있기 때문인 것으로 판단된다. 다음으로 여관에서는 단양군이 속초시보다 0.24 높게 나타났는데 이는 속초시 여관의 소유주가 상당수 외지인으로 구성되었고 속초시의 소비성향(r)이 단양군보다 낮았기 때문으로 풀이된다.

그러나 영국의 Anglesey 지방은 호텔과 여관의 소득승수는 0.25에 불과하였으나, 민박은 0.58로 나타났다. 그리고 Cook Islands는 수공예품과 같은 기념품과 교통비 등에서 단양군보다 높았을 뿐 나머지 업종에서는 대체적으로 단양군보다 낮게 나타났다. 이는 Cook Islands와 Anglesey가 도서지역이라는 입지적 특성상 단양군에 비해 경제적 자립도가 낮았기 때문인 것으로 풀이된다.

<표 45> 업종별 관광소득승수 비교

구 분	단양군	속초시	백암온천	쿡아일랜드	앙걸시
호 텔	0.64	0.93	-	0.47	0.25
여 관	1.20	0.96	-	-	0.25
콘 도	-	0.71	-	-	-
민 박	1.28	-	-	-	0.58
식 비	0.76	-	-	0.46	-
식료품	0.45	-	-	0.24	-
유흥오락	0.39	-	-	0.27	-
기념품	0.43	-	-	0.52	-
교통비	0.36	-	-	0.51	-
전 체	0.70	0.93	0.40	-	0.25

자료: 단양군 설문조사 결과, 1998. 4. 25~5. 2., 이미혜(1993), 전게논문, 김
두철(1991) 전게논문. Archer(1973), *The Impact of Domestic
Tourism*, p.50, *Milne, Simon(1987), Differential Multiplier, Annals of
Tourism Research*, 14, p.505.

마지막으로 전체 관광소득승수를 여타 연구사례와 비교하면, 속
초시가 0.93으로 가장 높았으며, 단양군이 0.70, 백암온천이 0.40이
었으며, 영국의 앙걸시 지방은 0.25로서 가장 낮았다(<표 46> 참조).
이처럼 속초시의 관광소득승수가 가장 높았던 이유는 첫째, 속초시
의 주요 관광수입원인 호텔과 콘도 등의 누출률(15.4~21.7%)이 단
양군의 호텔과 유스호스텔(50~55.6%)보다 매우 낮고, 둘째, 속초
시가 도소매점 등의 유통시설, 호텔과 콘도 등 숙박시설, 유흥오락
시설 등의 관광기반시설이 잘 갖춰져 있기 때문에 관광객이 최초로
지출한 관광비용이 역내 회전율이 높았기 때문으로 풀이된다. 반면
에 백암온천은 역내의 대형 관광업체 소유주가 대부분 외지인이었
고 또한 숙박업소의 지역소득성향이 낮아 관광수입의 대부분(73.
3~54.3%)이 즉시 외부로 누출되었으므로 역내에서 회전 가능한

소득비율이 절대적으로 낮았기 때문이었다. 특히 영국의 앙걸시 지방은 역내 경제기반이 매우 취약하였기 때문에 관광소득승수가 가장 낮게 나타났다.

　한편 〈그림 8〉에서 보는 바와 같이 지역 또는 국가의 크기와 관광소득승수의 크기를 비교해 보면 소규모 도서국가보다는 대규모 국가가, 주나 군보다는 국가의 관광소득승수가 크게 나타난다. 그러나 단양군($781km^2$)이 속초시($105km^2$)보다 면적이 7배 이상 넓음에도 불구하고 관광소득승수가 낮게 나타난 이유는 단양군의 경제발전도가 속초시에 비해 현저히 떨어지기 때문인 것으로 사료된다.

〈그림 8〉 물리적 크기와 관광소득승수의 크기

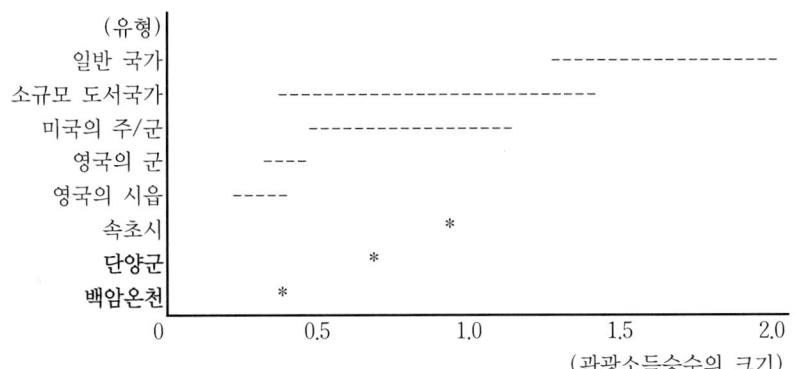

제6장 결론 및 정책시사

   오늘날 우리 사회가 후기 산업사회로 진행하면서 나타난 사회문제 중의 하나는 빈익빈 부익부 현상의 심화이다. 과거 거점성장이론에 근거한 지역개발방식을 취하면서 기대했던 소수의 동적 부분과 지리적 군락지에 대한 개발효과가 나머지 지역공간으로 파급될 것이란 기대는 이미 사라진 지 오래되었다. 따라서 낙후지역으로 분류된 곳에서는 거점개발에 의한 확산효과(spread effect)를 더 이상 기대할 수 없으며 독자적인 지역 차원의 경제개발전략을 수립해야만 한다. 그러나 대부분의 낙후지역은 생산성이 높고 파급효과가 큰 제조업 등의 입지로서는 각종 제약조건이 상존하므로 제조업 이외의 대안산업을 모색하여야 할 것이다.

   대표적인 낙후지역 중의 하나인 충북 단양군은 총면적이 781.31km^{2}에 불과한 소규모 지역으로 군 전체의 82.6%가 산지로 구성된 전형적인 산악지역이다. 단양군은 현재 석탄이나 시멘트 등의 광업 및 비금속광물제조업에 크게 의존하고 있는 지역이지만 이들 1차산업은 하향산업으로서 날이 갈수록 그 경제적 비중이 축소되고 있다. 따라서 입지여건상 제조업 이외의 대안산업 특히 관광산업을 지역의 핵심산업으로 육성하고자 하는 지역이었다.

   따라서 본 연구는 단양군과 같은 소규모 지역에 알맞은 관광의 지역경제적 파급효과를 규명하기 위한 현실적인 분석방법을 탐색하였고, 여기서 선별된 분석방법을 사용하여 지역경제구조를 진단하였다. 즉 관광산업을 지역의 대안산업으로 도입하는 것이 바람직한 것인지, 현재의 지역경제적 파급효과가 어느 정도인지를 실증 분석하였다. 또한 각종 분석결과를 기존의 연구사례지와 비교함으로써 단양군과 같은 낙후지역의 관광이 처해 있는 문제점이 무엇인지를 찾고 그 개선방안을 제시하고자 하였다.

주요 연구결과는 다음과 같다.

첫째, 단양군과 같은 소규모 지역에서 관광의 지역경제적 파급효과를 규명하기 위한 분석모형을 비교 검토한 결과, 케인즈류 관광승수분석 방법이 현실적으로 적합한 것으로 판명되었다. 비록 산업연관분석 방법이 산업 간 상호 거래내역이나 유발효과까지 측정한다는 점에서 매우 유용한 분석수단으로 나타났지만, 이 분석방법은 분석시간과 비용, 특히 분석에 요구되는 자료의 양과 질, 그리고 자료수집의 용이성 등이 큰 제약조건으로 작용하였기 때문에 현실적으로 소규모 지역에 적용하기에는 무리가 있다고 판단되었다.

둘째, 지역의 경제성장요인을 규명하기 위한 변화-할당분석을 실시한 결과 지난 10년간 단양군의 고용기회를 축소시킨 산업은 비금속광물제조업, 광업, 제조업, 소매업으로 나타났다. 반면에 100인 이상의 고용을 창출함으로써 지역 경제성장을 주도해 온 산업은 기타 서비스업, 건설업, 음식업, 운수관련 서비스업, 도매업, 숙박업 등으로 분석되었다.

세부적으로 고찰하면, 전국과 비교해서 단양군 산업의 경쟁적 위치와 지역성장의 기여도를 나타내는 지역할당효과의 경우, 단양군 지역경제는 시간이 경과함에 따라 상대적으로 낙후되고 있었으며, 그 주요 원인은 비금속광물제조업, 광업, 일반 제조업 등의 고용감소에 기인하였다. 그리고 지역의 고성장산업은 기타 서비스업, 음식업, 보험업, 도매업 등이었으며, 저성장산업은 비금속광물제조업과 광업으로 판명되었다.

셋째, 단양군 산업의 상대적인 전문화 또는 특화도를 알아보기 위해 입지상 분석을 수행한 결과, 여타 지역과 비교한 단양군의 주요 특화산업, 즉 수출산업은 비금속광물제조업과 광업이었으며 이밖에 숙박업, 운수관련 서비스업, 통신업, 건설업, 기타 서비스업, 음식업 등이 특화산업으로 규명되었다. 특히 숙박업, 운수관련 서비스업, 음식업 등 관광관련 서비스업이 비교적 특화되어 있음을 알 수 있었으며, 관광산업에 의해 창출된 순수 관광고용인구는 음식업, 숙박업, 운수관련 서비스업 등에서 총 451명의 고용이 발생되었다.

넷째, 단양군 관광객의 관광행태와 비용 지출구조에 대한 분석결과 단양군을 방문한 관광객의 79.4%는 관광비용의 지출이 적은 당일 관광객이며, 단지 20.6%만이 숙박 관광객으로 나타났다. 또한 이들 관광객들의 동행규모는 10인 이상의 대집단이 전체의 58.4%를 차지할 만큼 버스 등을 이용한 단체 관광객이 대다수였다. 단양 전체 관광객의 평균 지출을 유형별로 보면, 식비(30.6%), 차량연료비(16.6%), 시설이용료(13.5%), 숙박비(13.4%), 식료품비(7.7%), 기념품구입비(6.7%) 등으로 구성되었으며, 1인당 총관광비용은 평균 19,177원을 지출한 것으로 밝혀졌다.

다섯째, 관광의 지역경제적 파급효과의 크기를 좌우할 수 있는 관광상품별 누출률을 검토한 결과, 누출률이 가장 큰 것으로 판명된 관광사업체는 주유소로서 수입의 대부분이 외부로 누출되었다. 다음으로는 도매업소의 누출률이 81.2%에 달하였으며 호텔, 유스호스텔, 기념품점, 유흥업소, 소매업소 등의 누출률 또한 50.0%~61.5%에 달하였다. 반면에 민박업은 외부누출이 전혀 발생하지 않았으며, 여관은 총수입의 6.7%, 음식업은 24.1%로 비교적 누출이 적게 나타났다. 전체적으로 누출의 주요 원인은 원자재 구매에 따른 누출이었다. 즉 단양군에서는 입지적 제약으로 인해 석유류와 생활용품 등 역내에서 소비되는 대부분의 공산품을 외부에서 수입하였기 때문이었다. 그러나 민박업과 여관업 등과 같이 원자재 비중이 극히 낮거나 음식점업처럼 원자재의 상당 부분을 역내에서 조달하는 관광사업체는 누출률이 비교적 낮았다.

여섯째, 아드-혹 승수모형을 적용하여 단양군 전체의 관광소득승수를 구한 결과 그 승수 값은 0.70에 불과하였다. 업종별 관광소득승수는 민박업과 여관업이 각각 1.28과 1.20으로 비교적 높게 나타났으나, 일반적으로 대규모 관광객이 이용함으로써 가장 많은 관광수입을 올리는 호텔업과 유스호스텔업의 관광소득승수는 0.64~0.57로 나타났다. 또한 단양군의 관광수입은 총수입의 50% 이상이 당일 관광객이 지출하는 식비, 차량연료비, 시설이용료 등에 의해 구성되었음을 알 수 있었다.

일곱째, 관광상품 유형별로 관광소득승수를 산출한 결과, 음식업의 관광승수가 0.97로 가장 높았는데 이는 식재료의 상당 부분이 역내에서 조달되고, 대부분의 종사원이 단양 주민으로 구성되었기 때문이다. 그러나 유람선업과 동굴관람시설업의 승수는 0.32로서 상당히 낮았는데 그 이유는 외지인 소유의 주요 시설에서 상당 부분의 관광수입이 외지로 누출되었기 때문이었다.

여덟째, 단양군 전체 산업의 고용승수는 0.0085로 나타났는데 이는 매출이 1억 원 발생할 때 0.85명의 고용이 창출됨을 의미한다. 산업부문별 직접고용승수는 관광관련 산업이 0.0246으로 가장 높았고, 광업이 0.0101, 비금속광물제품 제조업이 0.0038, 기타 산업이 0.0067로 분석되었다. 그러나 간접고용승수를 합하면 관광산업의 총 고용승수는 0.0293으로서 매출 1억 원 증가당 2.93명의 신규고용이 창출되었다.

끝으로 단양군을 방문한 관광객의 지출에 의해 단양군에 귀속되는 연간 관광객 총산출액(직접소득효과)은 16,912백만 원이었으며, 이 산출액은 곧 지역경제로 유입되면서 11,838백만 원(간접소득효과)의 소득효과를 발생시켰다. 결과적으로 관광에 의해 단양군이 얻게 된 총소득효과는 28,750백만 원이었고, 가구당으로 환산하면 1가구당 연평균 2,136,000원의 관광소득을 얻은 셈이다. 또한 관광소득효과에 따라 단양군에는 직접고용 416명과 간접고용 79명 등 총 495명의 고용이 창출되었다.

이상과 같은 연구결과를 바탕으로 결론을 도출하면 다음과 같다.

첫째, 관광의 지역경제적 파급효과를 규명하기 위한 연구방법 중에서 단양군과 같은 소규모 기초자치단체를 분석하는 데 적정한 분석방법은 케인즈류 관광승수분석기법으로 판명되었다.

둘째, 단양군과 같이 제조업이나 농업 등의 입지여건이 불리한 내륙 산악지역에서 관광산업이 지역경제에 기여하는 정도는 현재 주력산업인 시멘트산업에 비해 현저하게 낮았다. 그러나 지역의 주력산업군인 시멘트산업, 광업, 농업 등은 뚜렷한 하향산업으로서 지역경제침체의 원인이 되고 있으므로 향후 지역경제의 발전을 위한 대안산업으로 고성장산업으로 판명된 관광산업을 채택해야 한다.

셋째, 관광산업의 지역경제적 기여도를 좌우하는 주요 요인은 누출과 숙박관광 여부로 판명되었으므로 다양한 관광시설을 구비하고 소요원자재를 자가 공급받는 등 지역 차원의 관광산업 육성대책을 시급히 마련해야 한다.

향후 관광산업을 지역의 핵심산업으로 육성하고자 하는 지방자치단체를 위해 본 연구의 사례지인 단양군에서 나타난 문제점을 중심으로 그 해결방안을 제시하면 다음과 같다.

첫째, 단양군과 같이 경제적으로 낙후된 지역일수록 관광산업과 같은 지역의 고성장산업과 수출산업을 중심으로 경제개발 전략을 구사해야 한다. 이미 한계상황에 처해 있거나 하향산업으로 분류된 산업 중심의 개발정책에서 탈피하여 보다 경쟁력 있는 지역산업을 발굴하고 육성해야 한다.

둘째, 관광객 1인당 객단가가 높은 숙박관광객을 유치할 수 있는 정책개발이 시급하다. 주간 관광객에 비해 야간 관광객은 그들의 행동반경 즉 동선이 짧기 때문에 일정한 공간 내에 유흥, 오락시설을 집중시키고 그들에게 다채로운 야간관광활동 기회를 제공한다면 숙박비, 식비, 유흥오락비 등의 부문에서 보다 많은 관광소득을 올릴 수 있을 것이다. 특히 온천자원을 이용한 숙박관광 활성화 정책을 검토할 필요가 있다.

셋째, 지역주민 입장에서 지역소득화율이 높은 숙박시설의 확충이 필요하다. 여관업의 경우 누출률이 매우 낮고 민박업은 누출이 전혀 발생하지 않으므로 해당 업소의 매출액은 대부분 지역소득이 된다. 그러나 이들 숙박시설은 관광유인력이 비교적 낮으므로 이를 보완할 대비책도 요구된다.

넷째, 유통망 확충 등 관광사업체의 누출을 최소화할 방안을 마련해야 한다. 단양군과 같은 내륙산악지역에 소재한 관광사업체의 누출은 심각한 편이다. 특히 지역의 취약한 유통구조는 곧바로 도소매업의 누출로 직결되므로 관광소득의 크기를 작게 하는 작용을 한다. 또한 외지인 소유시설물의 경우도 영업이익의 누출이 발생하므로 그곳을 방문하는 관광객의 소비지출을 역내로 유인할 수 있는 방안을 강구해야 할 것이다.

 마지막으로 본 연구의 한계로 지적될 수 있는 점은 첫째, 관광산업의 지역경제적 파급효과에 초점을 맞춘 나머지 여타 산업에 대한 심층분석과 비교가 부족했다는 점이다. 즉 변화-할당분석과 입지상분석 외에 다양한 분석기법을 적용하지 못했다는 점이다. 둘째, 지금까지 수행된 관광의 지역경제적 파급효과에 관한 선행연구의 분석기법과 사례지가 편중되어 있어 본 연구결과와 충분한 비교가 불가능했었다는 점도 문제점으로 지적될 수 있다.

 따라서 향후 본 연구와 같이 소규모 지역을 대상으로 하는 관광의 지역경제적 파급효과에 관한 연구가 활발히 이루어지고 그 결과 지역 간 비교가 가능해진다면 관광산업을 육성하고자 하는 지역에 대하여 보다 분명하고 객관적인 개발지침을 줄 수 있을 것으로 기대한다.

참고문헌

강병주·손희준(1992), 「지역경제분석기법 및 지표에 관한 연구」, 한국지방행정연구원.

강병주·손희준·이삼주(1991), 「지역총생산(GRP) 추계에 관한 연구」, 한국지방행정연구원.

고석남·곽철홍(1995), "비조사방법에 의하여 작성되는 지역산업연관표의 정확성 평가", 「사회과학연구」, 경상대학교 사회과학연구소.

고영구(1996), "지역투입산출모형의 작성과 활용에 관한 연구", 중앙대학교 대학원 박사학위 청구논문.

권경상(1984), "외화획득산업으로서 관광산업의 국민경제 파급효과 분석연구", 서울대학교 환경대학원 석사학위 청구논문.

_____(1994), "한국 관광산업의 상대적 우위평가에 관한 연구: 경제적·환경적 파급효과를 중심으로", 한양대학교 대학원 박사학위 청구논문.

_____(1992), 「관광산업 영향평가에 관한 연구」, 교통개발연구원.

_____(1993), 「관광산업 영향평가에 관한 연구 Ⅱ」, 교통개발연구원.

_____(1993), 「관광산업의 국민경제 파급효과에 관한 투입-산출분석」, 한국관광공사.

김규호(1996), "관광산업의 지역경제적 효과분석: 경주지역에 대한 지역산업연관모형의 적용", 경기대학교 대학원 박사학위 청구논문.

김기홍·장태구·이재은·조욱현(1995), 「지역경제학」, 진영사.

김두철(1991), "관광지 개발의 경제적 파급효과 분석", 서울대학교 대학원 석사학위 청구논문.

김문겸(1993), 「여가의 사회학」, 한울아카데미.

김병현(1990), "경제기반이론에 의한 대전시 경제기반분석", 경희대 학교 대학원 석사학위 청구논문.

김사헌(1982), "관광개발과 지역경제편익 분석: 관광승수개념의 적 용을 통하여", 「관광학연구」, 제6호, 한국관광학회.

_____(1985), 「관광경제학」, 경영문화원.

_____(1994), "지역발전을 위한 지방재정확충방안 연구", 경기행정 논집, 제8집.

_____(1997), 「관광경제학신론」, 일신사.

김사헌外(1985), 「국민여가생활의 실태분석과 대책」, 한국관광공사.

김사헌外(1995), 「지방화시대의 관광개발」, 일신사.

김안제(1979), 「환경과 국토 -이론과 정책-」, 박영사.

김철원(1991), "산업연관분석을 통한 관광산업의 경제적 효과 고 찰", 연세대학교 경영대학원 석사학위 청구논문.

김태보(1990), "제주경제의 구조적 특성과 성장 전망 -지역산업연관 분석을 중심으로-", 중앙대학교 대학원 박사학위 청구논문.

단양군(1997), 「1996년 기준 사업체 기초통계 조사보고서」, 단양군.

_____(1997), 「단양군 통계연보」, 단양군.

박석희(1993), 「관광조사연구기법」, 일신사.

_____(1997), 「신관광자원론」, 일신사.

박석희 외(1997), 「농산촌 수변공간의 관광자원개발 모형정립에 관한 연구」, 농림부.

박소이 · 이우태(1974), 「관광기업경영론」, 박영사.

서정섭(1992),「지역발전을 위한 지역경제활성화 방안」, 한국지방행정연구원.

송종호 · 김종섭(1992), "2 SLS방법에 의한 우리나라 지역경제의 성장요인에 관한 연구", 상주산업대학 논문집, 제2집, 상주산업대학교.

이명규 · 지길홍 · 이돈재(1996), 「현대경제학원론」, 법문사.

이미혜(1993), "관광의 지역경제적 편익효과에 관한 실증연구: 속초시를 사례로 관광소득승수모형을 적용하여", 경기대학교 대학원 박사학위청구논문.

_____(1993a), "관광호텔업의 지역경제적 효과에 관한 연구 - 경제기반모형을 적용하여 제주지역을 대상으로", 「관광학연구」, 17, 한국관광학회.

이중구(1996), "한국적 놀이문화 공간의 개념 모형 설정에 관한 연구", 경기대학교 대학원, 박사학위 청구논문.

이춘근(1993), 「지역산업연관모형의 추정방법과 대구지역에의 적용」, 대구경북개발연구원.

이충기 · 박창규(1996), "한국카지노산업의 경제적 파급효과분석: 산업연관모델을 중심으로", 「관광학연구」, 19(2), 한국관광학회.

정석중 · 강주훈(1998), "관광산업이 지역에 미치는 경제적 및 비경제적 효과 -강원도를 중심으로-", 「관광학연구」, 21(2), 한국관광학회.

정의선(1990), "한국 관광산업의 구조와 관광수출입함수", 세종대학교 대학원 박사학위 청구논문.

정준무(1994), "관광산업이 지역개발에 미치는 영향에 관한 연구", 서울대학교 대학원 박사학위 청구논문.

조순・정운찬(1997), 「경제학원론」, 5판, 법문사.

조현순(1991), "외래관광객 지출의 국내경제 파급효과에 관한 연구", 세종대학교 대학원 박사학위 청구논문.

조현순・손태환(1992), "외래관광객 지출의 국내경제 파급효과에 관한 연구", 「관광학연구」, 제16호, 한국관광학회.

최승이(1986), "우리나라 관광산업 투자의 산업연관분석", 국민대학교 대학원 박사학위 청구논문.

통계청(1997), 「1997 한국통계연감」, 통계청.

한국관광공사(1995), 「지방화시대의 관광개발 기법」.

_____(1997), 「1996 한국관광통계」.

한국관광연구원(1997), 「'97 관광동향에 관한 연차보고서」.

한범수 외(1998), 「단양군 관광진흥전략 및 주요 지역 관광개발계획」, 단양군.

한범수 외(1996), 「설악산 관광특구 종합발전계획」, 속초시.

홍기용(1995), 「지역경제론」, 박영사.

황명찬(1984), 「지역개발론」, 경영문화원.

吉見俊哉(1996), "유사이벤트론을 넘어서", 「관광인류학의 이해」, 황달기 역, 일신사.

山下晋司(1996), "다른 문화에 대한 새로운접근", 「관광인류학의 이해」, 황달기 역, 일신사.

Archer, Brian and John Fletcher(1996), "The Economic Impact of Tourism in the Seychelles", *Annals of Tourism Resaerch*, Vol.23 (1).

Archer, Brian(1995), "Importance of Tourism for the Economy of Burmuda", *Annals of Tourism Resaerch*, Vol.22 (4).

_____(1972), "The primary and secondary beneficiaries of tourists spending", *Tourist Review*, 27.

_____(1973), *The Impact of Domestic Tourism*, Univ. of Wales Press.

Armstrong, Harvey and Jim Taylor(1993), *Regional Economics and Policy*, 2nd. ed., London: Harvester Weatsheaf. 권기철 역 (1997), 「지역 경제이론과 정책」, 부산 외국어대학교 출판부.

Baumol, William J. and Alan S. Blinder(1985), *Economics, Principles and Policy*, 3rd. Edition, Yew York: Harcourt Brace Jovanovich Inc.

Bendavid-Val, Avrom(1983), *Regional and Local Economic Analysis for Practitioners*, New York: Praeger Publishers.

Boadway, Robin W.(1979), *Public Sector Economics*, Winthrop Publishers, Inc., Mass.

Briassoulis, Helen(1991), "Methodological Issues Tourism InputOutput Analysis", *Annals of Tourism Research*, Vol.18.

Briguglio, Lino(1993), "Tourism Multipliers in Maltese Economy",

Perspectives on Tourism Policy, London: Biddles Ltd, Guildford & King's Lynn

Bull, Adrian(1995), *The Economics of Travel and Tourism, 2nd. edition*, Longman Australia Pty Ltd.: Sydney.

Cooper, Malcom J. and John J. Pigram(1984), "Tourism and the Australian economy", *Tourism Management*, March.

Davis, H. Crig(1990), *Regional Economic Impact Analysis and Project Evaluation*, Vancouver: Univ. of British Columbia Press.

Deegan, James and Donal Dineen(1993), "Employment Effects of Irish Tourism Projects: A Microeconomic Approach", *Perspectives on Tourism Policy*, London: Biddles Ltd, Guildford & King's Lynn.

Dwyer, Larry and Peter Forsyth(1994), "Foreign Tourism Investment: Motivation and Impact", *Annals of Tourism Resaerch*, Vol.21 (3).

Eadington, William R. and Milton Redman(1991), "Economics and Tourism", *Annals of Tourism Research*, 18(1).

Frechtling, Douglas C.(1987), "Assessing the Impacts of Travel and Tourism Measuring Economic Benefits", *Travel, Tourism and Hospitality Research*, New York: John and Wiley & Sons.

Fridgen, D. Joseph(1991), *Dimensions of Tourism*, Michigan: The Educational Institute of the American Hotel & Motel Association.

Goffe, P.(1975), "Development potential of international tourism, how developing nations view tourism", *Cornell Hotel and Restaurant Administration Quarterly*, 16.

Hall, Colin Michael(1994), *Tourism and Politics: Policy, Power and Place*, West Sussex: John Wiley & Sons.

Harrison, David(1992), *International Tourism and the Less Developed Countries*, London: Belhaven Press.

Heung, Vincent C.S. and Hailin Qu(1997), "An Analysis of Tourism and its Impact on the Retail Trade in Hongkong", A Paper presented to the Asia Pacific Tourism Association(APTA) Conference held at Taipei, Taiwan.

Hudson, Ray and Alan Townsend(1993), "Tourism Employment and Policy Choices for Local Government", *Perspectives on Tourism Policy*, London: Biddles Ltd, Guildford & King's Lynn.

Hyun, Jin-Kwon(1992), *The Economic Impact of International Tourism in Korea*, Korea Transport Institute.

Kahn, R.F.(1931), "The relation of Home Investment to Unemployment", *Economic Journal*, 41.

Kim, Sah-Hun and and Kyu-ho Kim(1997), "Economic Impact of Tourism in Regional Perspective", A Paper presented to the Asia Pacific Tourism Association(APTA) Conference held at Taipei, Taiwan.

_____(1998), "Impact of Tourism on Local Economies: An Income Multiplier Analysis", *Asia Pacific Journal of*

184

Tourism Research, Vol.2. Issue 2.

Kottke, Marvin(1988), "Estimating Economic Impacts of Tourism", *Annals of Tourism Research*, Vol.15.

Lankford, Samuel V. and Dennis R. Howard(1994), "Developing a Tourism Impact Attitude Scale", *Annals of Tourism Research*, Vol.21.

Lee, Choong-Ki and Kyung-Sang Kwon(1995), "The Importance of Secondary Impact of Foreign Tourism Receipts on the South Korea Economy", *Journal of Travel Research*, 34(2).

Lie, J.C., P. Sheldon and T. Var(1987), "Resident Perception of the Environmental Impacts of Tourism", *Annals of Tourism Research*, Vol.14.

Little Inc., A.D.(1962), *Tourism and Recreation*, US Department of Commerce, Washington DC.

Liu, Juanita, Turgut Var and Alp Timur(1984), "Tourist-income multipliers for Turkey", *Tourism Management*, Butterworth & Co (Publishers) Ltd.

Lundberg, Donald E.(1976), *The Tourist Business*, Mass.: CBI Publishing Co., Inc.

Lundberg, Donald E., M. Krishnamoorthy and M. H. Stavenga-(1995), *Tourism Economics*, New York: John and Wiley & Sons.

Mathieson, Alister and Geoffrey Wall(1982), *Tourism: economic, physical and social impacts*, N.Y.: Longman.

Mattews, Harry G.(1978), *International Tourism: A Political and*

Social Analysis, Mass.: Schenkman Publishing Co.

McIntosh, Robert W. and Charles R. Goeldner(1984), *Tourism: principles, practices, philosophies, 4th. edition,* John and Wiley & Sons: Toronto.

Miller, Ronald E. and Peter D. Blair(1985), *Input-Output Analysis: Foundations and Extensions,* New Jersey: Prentice Hall.

Milne, Simon S.(1987), "Differential Multipliers", *Annals of Tourism Research,* 14(4).

Murphy, Peter E.(1985), *Tourism: A Community Approach,* New York: Methuen Inc.

NYSDOL's Home Page(1998), Travelers Trigger Job Growth in the Home Page presented(modified on 1/07/98 at 10:00) by the Department of Labor of New York State, http://ny.jobsearch.org/newsletr/current/lead1297.htm

Pavaskar, Madhoo(1982), "Employment Effects of Tourism and the Indian Experience", *Journal of Travel Research,* 20(3).

Preister, Kevin(1989), "The Theory and Management of Tourism Impacts", *Tourism Recreation Research,* 14(1).

Richardson, H.(1973), *Regional Growth Theory,* London: MacMillan Press.

Rose, Warren(1981), "The Measurement and Economic Impact of Tourism on Galveston, Texas: A Case Study", *Journal of Travel Research,* 19(1).

Ryan, Chris(1991), *Recreational Tourism: A social science perspective,* London: Routledge.

Samuelson, Paul A.(1973), *Economics*, 9th edition, Tokyo: McGraw-Hill Kogakusha, Ltd.

Schnell, Peter(1975), "Tourism as a Means of Improving the Regional Economic Structure" in *Tourism as a Factor in National and Regional Development*, a paper pesented to the meeting of the International Geographical Union's Working Group on the Geography of Tourism and Recreation, Sep. 1974.

Song, Byung-Nak and Choong-Yong Ahn(1983), "The Economic Impact of Tourism in Korea", in *Tourism in Asia: The Economic Impact*, edited by Elwood A. Pye and Tzongbiau Lin, Singapore Univ. Press.

Summary, Rebecca M.(1987), "Tourism's Contribution to the Economy of Kenya", *Annals of Tourism Research*, 14(4).

Tribe, John(1996), *The Economics of Leisure and Tourism*, Oxford: Martins.

Tsartas, Paris(1992), "Socioeconomic Impacts of Tourism on two Greek Isles", *Annals of Tourism Research*, Vol.19.

United States Travel Data Center(1978), *Travel Economic Impact Model*, Vol.1, Washington D.C.

Var, Turgut and JojTourism in the Okanagan", *Annals of Tourism Research*, 12(4).

Vellas, F. and L. Bécherel(1995), *International Tourism: An Economic Perspective*, New York: St. Martin's Press.

Wall, Geoffrey(1997), "Scale Effect on Tourism Multipliers",

Annals of Tourism Resaerch, Vol.24(2).

Wanhill, Stephen(1994), "The Measurement of Tourist Income Multiplier", *Tourism Management*, 15(4).

West, Guy R.(1993), "Economic Significance of Tourism in Queensland", *Annals of Tourism Research*, Vol.20.

WTO(1997), *Tourism 2020 Vision: Executive Summary*, the World Tourism Organization, Madrid, Spain.

· 저자 ·

오순환　　· 약 력 ·
(吳淳煥)

고려대학교 농과대학 임학과 졸업
고려대학교 대학원 임학과 (농학석사)
경원대학교 대학원 관광경영학과 (경영학석사)
경기대학교 대학원 관광개발학과 (경영학박사)

한국문화관광연구소 소장
문화관광부 문화관광축제 평가위원장/선정위원장
국가전문행정연수원 문화관광부문 강사
농림부 농산어촌체험마을 자문위원
산림청 산촌개발자문위원회 자문위원
용인대 · 안양대 · 수원대 관광학과 강사 · 겸임교수

· 주요논저 ·
「관광호텔의 규모와 영업형태가 고용 및 영업수익에 끼치는 영향」
「관광산업의 지역경제적 효과」
「지역축제의 실제와 경제적 효과」
「문화관광축제의 연상도 차이」
「한국 전통종교의 여가문화적 특성과 변용에 관한 고찰」
「내외국인 관광객의 주기성 고찰」
「한국 전통축제와 놀이형태에 관한 고찰」
「한국의 풍류사상과 그 관광문화적 특성」
『한국 여가문화의 이해』
　　외 다수

관광과 지역경제

· 초판 인쇄	2006년 9월 18일
· 초판 발행	2006년 9월 18일
· 지 은 이	오순환
· 펴 낸 이	채종준
· 펴 낸 곳	한국학술정보㈜
	경기도 파주시 교하읍 문발리 526-2
	파주출판문화정보산업단지
	전화 031) 908-3181(대표) · 팩스 031) 908-3189
	홈페이지 http://www.kstudy.com
	e-mail(출판사업부) publish@kstudy.com
· 등 록	제일산-115호(2000. 6. 19)
· 가 격	22,000원

ISBN　89-534-5662-2 93980 (Paper Book)
　　　　89-534-5663-0 98980 (e-Book)